PRESERVATION OF CELLS:
A PRACTICAL MANUAL

细胞低温保存
操作手册

Allison Hubel 著

程 跃 赵 刚 译

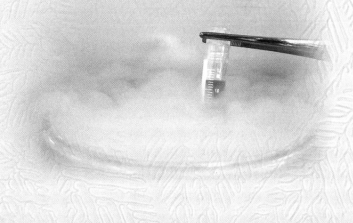

中国科学技术大学出版社

安徽省版权局著作权合同登记号：第 12222119 号

First published 2018 in the United States by Wiley-Blackwell. Title：*Preservation of Cells：A Practical Manual* by Allison Hubel，ISBN：9781118989845

© 2018 John Wiley & Sons，Inc.

图书在版编目(CIP)数据

细胞低温保存操作手册/(美)艾莉森・胡贝尔(Allison Hubel)著；程跃，赵刚译. —合肥：中国科学技术大学出版社，2024.3
ISBN 978-7-312-05891-2

Ⅰ. 细…　Ⅱ. ①艾…　②程…　③赵…　Ⅲ. 细胞—超低温保存—手册　Ⅳ. Q2-62

中国国家版本馆 CIP 数据核字(2024)第 045099 号

细胞低温保存操作手册
XIBAO DIWEN BAOCUN CAOZUO SHOUCE

出版	中国科学技术大学出版社
	安徽省合肥市金寨路 96 号，230026
	http://press. ustc. edu. cn
	https://zgkxjsdxcbs. tmall. com
印刷	合肥市宏基印刷有限公司
发行	中国科学技术大学出版社
开本	710 mm×1000 mm　1/16
印张	10. 75
字数	217 千
版次	2024 年 3 月第 1 版
印次	2024 年 3 月第 1 次印刷
定价	48. 00 元

序　言

　　世界各地的技术人员每天都要进行成千上万次的细胞保存工作,但对于绝大多数人来说,这个过程虽简单但神秘。操作者即使按部就班地完成了细胞冻存的每个步骤,对操作方法中每一步的由来却不清楚,并且如果方案出现问题,问题发生的原因也不得而知。虽然有些书籍中介绍了不同细胞的冷冻保存方法,或描述了冷冻保存领域的科学研究,但我找不到一本书可以帮助我们开发新的细胞保存方案或改进现有方案。编写这本书的目的是从科学原理的角度描述细胞的低温保存过程。在每一章的结尾(第8章除外),我们建立了科学原理和实际操作之间的联系,它可以指导我们将这些原理应用到实际操作之中。

　　细胞作为一种生命资源具有非常广泛的用途,例如,生产治疗用的蛋白、病毒疫苗和抗体等。同时细胞还可以是反映身体健康状况和疾病的生物标志物,甚至用于治疗。第1章描述了以上这些应用,并阐明了细胞保存在临床和商业生产中的价值,还描述了不同的细胞保存方法,例如低体温保存、冷冻保存或玻璃化保存,细胞的应用场景不同,对应的保存方法也存在差异。

　　细胞在进行低温保存之前可能会经历复杂的预处理过程,这些过程包括组织消化、细胞亚群选择、基因编辑、培养等。第2章详细描述了这些过程以及由此产生的养分缺失、剪切应力损伤或其他非致死的因素,这些因素会影响细胞解冻后的恢复能力,还描述了细胞冻存前如何降低以上这些因素的影响和细胞损失的策略,另外还介绍了新兴的基因编辑技术。当前细胞编辑技术可能会给细胞保存带来新的挑战和机遇,插入或删除特定基因也许会影响细胞在冷冻和解冻后的生存能力,基因编辑还有可能使我们了解某些特定的基因在增强细胞存活能力方面的作用。

　　对需要保存的细胞进行表征(检测)十分重要,因此第2章描述了低温保存前对细胞进行检测的标准方法,包括细胞鉴定(identification)、外来因子检测(adventitious agents),以及其他类型的检测(例如遗传稳定性)。细胞的错误鉴定是生命科学研究领域的一个严重问题,人们越来越强调正确鉴定原代细胞或细胞系的重要性。

低温保存需要使用专门的溶液来帮助细胞在冷冻和解冻的压力下存活,而这些溶液通常不是生理溶液。第3章描述了这些溶液的成分并介绍了将溶液引入细胞的方法,罗列了在冷冻过程中可以稳定细胞的分子。探寻新的冷冻保护液是当前一个热门的研究领域,但这些溶液通常需要在冷冻前以恰当的方式引入细胞体系中,并在复温后去除才能对细胞进行后续的应用。

早在近50年前,研究者就发现降温速率对细胞解冻后的存活有很大影响。第4章详细描述了降温过程和细胞通常的冷冻方式(例如程序降温冷冻、被动式冷冻或玻璃化),还介绍了降温程序的设计和验证方法。冷冻过程中随时间变化的温度对保存结果十分重要,因此在进行冻存方案的优化设计时,对冷冻过程中样本的温度进行独立监测是必要的。

冷冻的细胞可以保存几周、几个月,甚至几十年。第5章描述了在液氮中储存细胞的科学原理、样本库设计的基本原则、样本库的安全操作以及从储存地点到使用地点的样本运输,讨论了影响样本储存稳定性的因素,短暂回温问题(Transient Warming Events,TWEs)在各种生物样本的储存案例中都有记录,而我们对TWEs影响样本质量的理解也在逐渐加深,新技术有望用来消除这一问题并提高样本在储存中的稳定性。

保存的目的是保障细胞在后续使用时依然具有关键的生物学特性,而细胞使用前必须对样本进行解冻。第6章详细描述了解冻过程、平均复温速率和改进解冻过程的方法。新开发的可控解冻技术将有望提高解冻结果的一致性(可重复性)。此外,未来可能会开发新的解冻方案以改善冻存结果。

在解冻后并进行后续应用之前,通常需要对细胞进行洗涤。第7章介绍了解冻后洗涤细胞的方法和技术。对于玻璃化溶液或对渗透压力敏感的细胞,本章还描述了改进洗涤方法的策略。如果缺乏科学的评价体系来表征解冻后细胞的恢复情况,就难以评判一种细胞保存方法是否有效。细胞的解冻后评估是一个极易犯错或操作不当的过程,对于治疗用途的细胞,其解冻后的细胞功能需要特别关注,因此评估方法就显得尤为重要。本章介绍了不同的解冻后细胞评估方法,给出了减少偏差和错误的具体建议。

优化保存方案的传统方法通常基于操作经验,即改变保护剂成分和降温速率并测量解冻后的细胞存活率。第8章描述了差分进化算法,该算法可以减少优化保护剂成分、降温速率和细胞的其他处理参数所需的实验量,最高效率地制订适合目标细胞的冻存方案。这种优化了成本和时间的新方法至关重要,未来具有变革性的潜力。

在临床和商业生产中对细胞进行低温保存的需求正在急剧增长,因此对保存结果的可重复性提出了更高的要求。第1章描述了保存操作中导致重复性差的常见错误(数据结果差且变化性大),随后的章节描述了实验中可能对保存过程重复性产生负面影响的主要陷阱,以及避免这些陷阱和提高重复性的策略。

鉴于前面列出的所有原因,传统的冷冻保存方案可能不再适用于当前给定的细胞类型或给定的应用,而且保存方案的不断优化本身也很常见。作为核心生物资源库的主任,我接到了一些组织的电话和电子邮件,他们开始对现有的保存方案提出问题。所以这本书的总体目标是帮助这些在细胞低温保存中遇到困难的组织和工作人员,基于低温生物学基本原理科学地、系统地分析现有冻存方案的问题或开发新的冻存方案。我希望这本书能够帮助更多的组织实现更好的保存效果和更高的重复性。

目　　录

下篇　冷　冻　方　案

上篇　细胞冻存原理

第1章 概 述

1.1 哺乳动物细胞:现代生物医学的宝库

哺乳动物细胞已成为当代具有多种用途的产品来源:
- 细胞产物:生产治疗用蛋白、病毒疫苗和抗体;
- 治疗药物(细胞治疗或再生医学应用);
- 健康或疾病状态的生物标志物;
- 体外模型(例如替代动物实验)。

这些应用都代表着重大的经济价值,并对人类健康产生深远影响。

1.1.1 细胞产物

20世纪80年代中期,人组织型纤溶酶原激活剂(tPA)是第一个从哺乳动物细胞中提取的治疗用蛋白并成功实现商业化(见Wurm(2004)综述)。直至今日,促红细胞生成素、人生长激素、干扰素、人胰岛素和各种其他蛋白质都可以从哺乳动物细胞中产生并用于治疗。自tPA问世以来,大约有100种重组蛋白疗法已被FDA批准(Lai et al.,2013)。

除了治疗用蛋白外,疫苗通常也由哺乳动物细胞生产。例如小儿麻痹症、乙型肝炎、麻疹和腮腺炎疫苗都是通过哺乳动物细胞培养生产的。目前正在开发的新疫苗(人类免疫缺陷病毒(HIV)、埃博拉病毒、新的流感毒株)也基于哺乳动物细胞培养来生产。

抗体无论是在体内还是在体外的应用都十分广泛(Waldmann,1991),使用抗体诊断疾病是一种非常普遍的方法。酶联免疫吸收实验(Elisa)、流式细胞术、免疫组化和放射免疫测定均需要使用由哺乳动物细胞生产的单克隆抗体。抗体的临床应用包括病毒感染的治疗,利用抗体治疗癌症的免疫疗法也发展迅速(Weiner et al.,2010)。抗体可以选择性地与肿瘤结合,抗体工程的进步直接帮助人类获得了靶向肿瘤的能力,使嵌合型、人源化或完全人源的单克隆抗体的生产成为可能。抗体也被偶联到药物或放射性同位素上进行靶向治疗。目前,有超过10种不同的抗体被批准用于治疗癌症,所有这些抗体都是用哺乳动物细胞生产的。

1.1.2 治疗药物

细胞疗法始于 20 世纪 70 年代,通过骨髓移植治疗血液和免疫类疾病。从那时起,造血干细胞(Hematopoietic Stem Cells,HSCs)的使用不断增加,临床研究逐渐扩大 HSCs 的使用范围以涵盖更多的疾病和适应证。目前,超过 430 个使用 HSCs 的临床试验正在进行之中,目标是针对免疫系统疾病、心血管疾病、神经系统疾病、血管疾病、肺部疾病和艾滋病等,以上只列举了一小部分(Li et al.,2014)。在外周血(如果患者被给予药物干预使 HSCs 在外周血中循环)和脐带血(Umbilical Cord Blood,UCB)中发现了 HSCs,这一重大发现使这种细胞类型在治疗上的使用量急速增长,因为从此这些细胞可以使用非手术方法进行收集。

存在于骨髓微环境中的基质细胞也被研究用于治疗。间充质基质细胞(Mesenchymal Stromal Cells,MSCs)在骨髓微环境中为造血功能提供重要支持。MSCs 也可以从脂肪组织和 UCB 中分离出来。最初使用 MSCs 的研究主要集中在再生医学领域,使用这些细胞形成骨骼或软骨。随后的研究表明 MSCs 的主要作用是免疫和营养调节(Caplan,Correa,2011)。这种细胞的功能多样性和易于获取的特点(骨髓抽吸、UCB 或脂肪组织活检)促进了这些细胞的临床使用,用于治疗骨科疾病、心血管疾病、自身免疫性疾病、神经系统疾病等(Sharma et al.,2014)。并且 MSCs 具有免疫豁免功能,因此来自同种异体的供体细胞可以用于治疗。

1.1.3 健康或疾病状态的生物标志物

大多数人都有过在医院里抽血化验的经历,通过血细胞计数可以诊断出贫血、感染或其他身体异常。采集的全血通常不会储存很长时间而是在采集后短期内进行计数。其他以细胞为基础的检测方法包括循环肿瘤细胞(Circulating Tumor Cells,CTCs)计数作为肿瘤风险的标志物(Plaks et al.,2013)。流式细胞术检测淋巴细胞亚群也被用于监测艾滋病患者和其他免疫失调患者的免疫状态(Shapiro,2005)。

质谱流式细胞技术(mass cytometry)是最近发展起来的一项实验技术,该技术将重金属标记在抗体上,并将这些标记附着于细胞,然后使用质谱仪对细胞进行分析。这种方法避免了传统流式细胞仪固有的局限性,除了可以对异质性的细胞群进行标记,还可以对包含多个标志物的单细胞进行分析(Spitzer,Nolan,2016)。其他单细胞"组学"(基因组学、蛋白质组学和代谢组学)技术正在蓬勃发展,未来可能会因此出现更多更有效的诊断方法。综上所述,细胞对临床诊断的重要性可能会继续增长。

1.1.4 体外模型

多年以来,人们利用分离纯化的肝细胞进行药物筛选研究,但随着诱导多能干细胞(induced Pluripotent Stem cells, iPS cells)(Yu et al., 2007)的发展,这些细胞分化成多种细胞类型的能力使得人们在更广泛的细胞类型中测试药物成为可能。例如可以使用 iPS 细胞分化的心肌细胞来评估药物的心脏毒性(Avior et al., 2016)。

在允许对细胞进行连续灌注的微流体环境中,多种细胞类型的三维培养可用于模拟器官或组织的生理功能,也被称为"片上器官(或器官芯片)"。这些培养也被用于筛选药物和探究特定药物对器官系统的影响(Bhatia, Ingber, 2014)。

器官芯片和 iPS 也被用于疾病建模,来自患有特定疾病的捐赠者的细胞可以转化为 iPS 细胞,然后分化为疾病特异性细胞,可用于了解疾病发展以及药物筛选(Avior et al., 2016)。患者来源的 iPS 细胞已被广泛应用于治疗多种疾病,包括神经系统疾病和心血管疾病。

综上所述,哺乳动物细胞对生物医学研究、疾病诊断和治疗至关重要,但前提是在不同的使用场景中可以随时获取到这些细胞并维持其活性和功能。

1.2 细胞保存:填补时间和空间的距离

细胞通常在一个地方收集或培养,然后在另一个时间和地点使用(图 1.1)。为了保证细胞在后续应用中能继续发挥作用,必须保留细胞的活性和关键生物学特性。

用于治疗的细胞产品在生产后(使用前)必须进行妥善保存,以满足作为细胞药物的安全性和质量控制要求。细胞保存可以使患者的治疗与细胞的准备在节奏上匹配(即当患者准备移植细胞时,细胞已经准备好)。用于治疗的细胞是在专门的设施中生产与处理的,所以保存细胞的能力将有助于专业人员管理治疗用细胞的储存。

脐带血库是一个证明细胞保存重要性很好的例子,婴儿出生的时间和地点多变,但出生后必须立即收集 UCB,因此来自各地的 UCB 可以在脐带血库内统一保存,并在未来按需取用。UCB 在采集后通常被直接运送到专门的处理机构,样本中的红细胞被清除后冷冻保存起来。UCB 会被储存到需要使用的时间点(通常是数年后),并且通常在其他地点使用。UCB 样本只有在保存后依然具有关键的生物学功能才能被临床使用,因此保存环节至关重要。出生的遗传多样性意味着

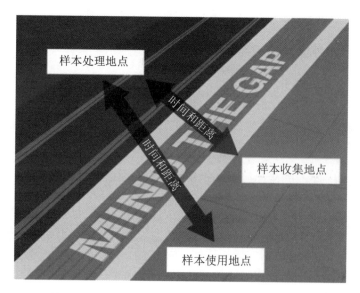

图 1.1　**填补差距**(细胞保存的目的是在未来的其他时间和其他地点使用。细胞需要保持活性和其关键的生物学功能。)

UCB 的保存可以提升治疗用细胞的各项潜能,这也是 UCB 冻存的价值所在。

保存细胞的另一种选择是将细胞维持在培养液中,直到它们可以使用为止。但某些类型的细胞如果在体外培养很长一段时间,其关键的生物学特性就会发生改变。其他的已经确定基因信息的细胞类型(例如用于生产重组蛋白的哺乳动物细胞)可能在长期培养中经历基因漂移。除此之外,长期培养也会带来更高的经济成本。对于上文提到的多种细胞类型,细胞的后续使用可能发生在细胞收集后的几个星期甚至几个月。因此,细胞的低温保存是目前最优的解决方案,可以长时间保存细胞的关键生物学特性。

1.3　保存工具箱

保存细胞的方法有多种,如何选择合适的方法取决于保存后细胞的应用(图1.2),在选定保存方法后还可以有多种操作方案。我们继续讨论上文给出的例子:UCB 是在产房收集的,但它是在专门的脐带血库处理的,所以 UCB 样本首先使用液体短期储存,运输到一个专门机构再进行冷冻保存。在这个应用场景中首先使用了液体储存,然后冷冻保存,每种保存方法都有其优点和局限性。

1.3.1　低体温保存(Hypothermic Storage)

低体温保存通常用于短期(数小时至数天)储存细胞。细胞被收集或重悬在保

储存时间
- 短期(几天至几周)
- 长期(几个月至几年)
- 存档(几年至几十年)

储存形式
- 液态
- 冷冻
- 干燥

设计原则
- 保存方案应具备针对性
- 保存效果好
- 保存方案便于优化且成本低

图 1.2 细胞保存工具箱(保存方案的选择应针对细胞的
使用目的,保存方法和保存时间也应该适合于后
续的应用。)

存液中,通常置于冰箱冷藏或放置在冰上(低于体温但又高于冻结温度,因此称为低体温储存)。降低细胞的温度从而降低它们的代谢活性,保障细胞的转移和运输。值得注意的是,当细胞冷藏保存时,细胞仍在消耗氧气和其他营养物质。储存条件(例如温度和持续时间)的选择必须保证细胞在液态储存完成时,依然维持活性和正常功能。

红细胞是使用液态冷藏保存的最常见的细胞类型。红细胞从全血中分离出来,重新悬浮到专门设计的短期储存溶液中(例如 AS-3)并冷藏,储存时间可长达42 天。由于红细胞不增殖,它们在液体冷藏状态下储存如此之久的能力反映了这种细胞类型独特的生物学特性。然而红细胞是个特例,大多数有核细胞即使在冷藏条件下,也不能储存这么长时间。

当降低温度时,细胞膜上的离子泵不能正常工作,细胞内的离子浓度会发生变化。低温也会影响线粒体活性(例如,ATP 生成减少和自由基清除剂减少)。有假说认为低体温保存(液态)的损伤来自于活性氧(Rauen,de Groot,2002)。即使使用特别设计的保护溶液,在细胞活性没有显著降低的前提下,有核细胞液态冷藏保存通常仅限于短时间(小于 72 小时)。

低体温液态保存可以与冷冻保存方案结合使用,例如 UCB 通常在产房收集,通过液态储存(在冰上,冷藏但不冷冻)运到脐带血库(大约 24 小时),并在脐带血库完成冷冻保存。研究表明,不适当的液体冷藏条件会导致脐带血解冻后恢复差(Hubel et al.，2004)。

1.3.2　冷冻保存(Cryopreservation)

从本质上说,使用冷冻方法保存细胞的原理是低温可以抑制或停止细胞的降解过程。在冷冻过程中,液态水以冰的形式从样本中除去,而液态水是细胞多种代谢功能的重要组成部分。样本中水的冻结降低了水分子的流动性,从而降低了它们参与可能降解细胞的反应的能力。

所有细胞都含有降解酶(如 DNA 酶、蛋白酶等),这些酶的活性与温度有关。随着温度的降低,酶的活性降低,当达到一个阈值时酶不再具有活性,因此不能参与细胞的降解过程。有研究测试了少数酶在冷冻温度下的活性,结果显示其是否具有活性的阈值温度可能为 − 90 ℃ (Hubel et al.，2014)。

成功冷冻的细胞可以储存非常久的时间(几年到几十年),从而延长了产品的保质期,但这个过程要求细胞在冷冻、储存和运输过程中必须都保持冷链环境(一种温度控制的供应链,使产品保持在所需的低温)。

1.3.3　玻璃化保存(Vitrification)

如上所述,在常规的冷冻保存过程中,水以冰的形式从样本中除去,结果导致细胞的化学和机械环境发生了重大变化。当水以冰的形式被除去时,剩余的未冻结溶液中含有高浓度的溶质。这些细胞被隔离在相邻冰晶的间隙中,因此在冻结过程中受到高浓度溶质和机械挤压的双重压力。

在低温下保存细胞的另外一种方法叫作玻璃化保存,可以避免冰晶的形成和损伤。这种方法通常会使用高浓度的冷冻保护剂(Cryoprotective Agent，CPA)来抑制冰晶形成,这里所谓的"高浓度"远远高于传统冷冻保存所使用的 CPA 浓度。这些溶液不是生理溶液,因此将这些溶液添加到生物体系(如细胞悬液)中的过程被称为 CPA 的添加过程。这些高浓度溶液的添加和去除是比较复杂的,需要通过多个步骤来实现。例如,如果 CPA 溶液的最终浓度为 4 mol/L,而细胞不能突然承受如此高的渗透压差异,则可以将细胞引入中间浓度的溶液(例如 1.2 mol/L),最后再引入最终浓度的溶液(4 mol/L)。该过程旨在减少渗透压差导致的细胞损失(详见第 2 章)。另外,玻璃化溶液也需要特别设计以减轻高浓度 CPA 带来的毒性损伤。

玻璃化样本的冷却通常是将样本快速浸入液氮(LN_2)中,以达到最大的降温速率。并且玻璃化样本通常储存在溶液玻璃化转变温度(T_g)附近。T_g 是溶液形成非晶态相的温度(或温度范围)。很少有研究探索玻璃化样本的稳定性,而玻璃化样本在储存过程中有可能会观察到重结晶(即冰的成核和生长)现象,这将影响产品长期的稳定性。除了降温过程具有挑战性,复温过程同样关键。样本复温过程需要的复温速率大约比样本降温过程的降温速率大两个数量级才能避免重结晶(反玻璃化)发生。因此,玻璃化冻存工艺的复杂性(即高浓度溶液的引入和去除、快速冻结,以及在储存和加热过程中潜在的损坏)意味着这种技术并不常用。当下,配子和胚胎是最常见的使用玻璃化保存的生物样本。这些细胞类型的玻璃化方案涉及小体积样本的操控和处理,并且这些技术在生殖领域已经比较成熟,促进了玻璃化保存技术的推广应用。

1.3.4 干燥保存(Dry State Storage)

当前,DNA是最常见的干燥保存的样本(Ivanova,Kuzmina,2013)。含有DNA的水溶液被置于含有糖和其他添加剂的基质中,通过干燥将水从样本中除去,直到样本变成无定形态。从本质上说,干燥保存类似于玻璃化,因为都形成了非晶态相,只不过在传统的玻璃化中是通过低温来达成非晶态相的。对于干燥保存,水分子和溶质的结合形成非晶态相。与低温保存样本相比,干燥状态储存不需要低温环境,但需要控制湿度,否则样本吸水会导致降解。目前细胞还不能在干燥状态下储存。

1.4 针对性的保存方案

如上所述,细胞可以在不同时间和地点收集,并在另一个时间和地点使用。收集的地点可以是病房、战场,甚至海上。样本的使用时间可能是几小时、几天或几十年后,可能涉及多种不同的用途。因此采用的保存方案也必须适合特定的应用场景,并根据以下因素而变化:
- 需要储存时间(小时、天、周、年);
- 细胞使用场景(即要求样本的数量、质量);
- 对操作员的培训或技能要求;
- 所需资源和可用资源;
- 细胞类型。

因此,细胞保存方案整体必须针对最终使用的目的,前文阐述的保存工具箱可用于开发适合目的的保存方案。例如,从外周血中获得的单核细胞(PBMNCs)具有多种用途,每种用途可能需要不同的保存处理技术。例如,PBMNCs可用于DNA分离,此时细胞本身不需要存活,在大多数情况下,细胞被加工成球状(Pellet),储存小球以保持DNA的完整性。低温保存的PBMNCs的另一个应用是回收细胞并使其永生化,以创建供体特异性细胞系,此时必须有足够的细胞在冷冻过程中存活下来,才能实现细胞永生化。最后,PBMNCs可直接用于治疗,淋巴细胞(混合的或特定亚群)回输给患者可以达到治疗效果(例如,细胞移植治疗白血病,免疫调节,提高抗肿瘤能力)。在这种情况下,保存必须是高效率的(例如最少化细胞损失),并且需要保证细胞解冻后的功能。

细胞保存方案/工艺的开发必须迎合后续的应用,做出适合的设计。

冻存方案的每一步设计都应该围绕后续的细胞用途。保存工具箱可用于修改方案以满足所需的后续应用。该方案的每个环节(步骤)都需要基于科学原理,这些原理可用于合理设计特定步骤,以实现期望的细胞后续用途。

1.5　没有通用的保存方案

对于研究人员、临床医生或生物样本库的工作人员来说,一个适用于所有细胞类型的通用冷冻保存方案一直是梦寐以求的。可能对某些人来说,使用10%的二甲基亚砜(DMSO)溶液和1℃/min的降温速率就是一种"通用保存方案"。然而,DMSO冻存方法并不适合所有的应用场景,并且有几种具有巨大价值的细胞类型不能使用该方案进行有效保存。

显而易见的是,细胞对冻结/复苏过程的响应是由其物理学和生物学性质决定的。造血系统就是生物学差异影响冷冻结果的一个很好的例子。造血祖细胞(HPCs)通常使用10% DMSO冷冻保存,降温速率为1℃/min,此条件下效果最好。而来源于造血干细胞的成熟血细胞则呈现出不同的冻存结果:红细胞可以在17%或40%的甘油中冷冻保存;血小板和中性粒细胞不能用任何常规方法有效保存。某些淋巴细胞亚群可以使用DMSO有效地保存,而其他则不能。冻存结果在不同的细胞类型和物种之间都是不同的,例如精子的冻存结果会因物种而异,所以冷冻保存方案必须针对被保存细胞类型的特征量身定做。

1.6　过程即产品

与许多其他生物处理过程不同,最终冻存后细胞产品的特性(细胞解冻后的活性、恢复和功能)反映了所有处理步骤和过程中使用的所有试剂的累积效应(图1.3)。

细胞在冷冻前可能经历了一系列处理过程:培养、亚群选择、基因修饰等。这些过程可能对细胞造成压力,并影响它们在冷冻和解冻后的存活能力(第2章)。

细胞被冷冻在专门的溶液中以帮助它们在冷冻和解冻的压力下存活(第3

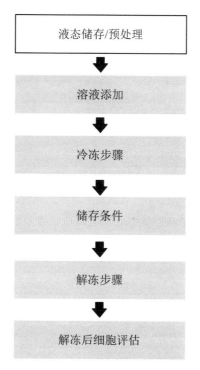

图 1.3 **细胞保存过程的步骤**(这个过程的每一
步都可以根据科学原理来设计,并且都
对最终产品的整体质量有影响。)

章)。细胞不能在处理后消毒或纯化,所以任何添加到样本中的成分都会保留在样本中。这个结果意味着在保存过程中使用的试剂必须有明确的成分,并且必须是高质量的(图 1.4)。

冷冻保护液不是生理溶液,因此将溶液引入细胞体系中或将细胞暴露于溶液中可能导致细胞损失/死亡,这些在冷冻复温之前就已经发生。

冷冻过程通常涉及将一个生理温度下(~37 ℃)的生物系统,跨越一个极大的温度范围达到超低温(-196 ℃)。实现这一目的的方式(通常用降温速率来描述)对细胞的存活起着至关重要的作用(Leibo,Mazur,1971)(第 4 章)。程序降温仪或被动降温装置用于控制细胞的降温速率。样本的程序降温方案可以是很复杂的,涉及多个步骤。每个步骤(通常被描述为一个“段”)都可以进行合理的设计和优化。在给定溶液和降温速率下,细胞外溶液结晶的温度会影响细胞解冻后的生存能力。因此,有研究者提出了不同的策略来控制这一温度以实现保存效果的优化。

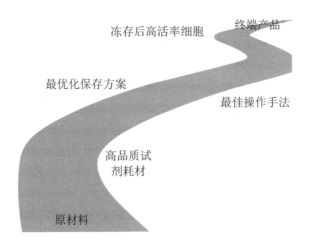

图1.4   细胞冻存结束时,试剂、原料和工艺综合决定了产品
          的最终质量

冷冻后,样本会被长期储存在一个样本库中。可以根据冷冻保存溶液的组成和所储存的细胞选择适当的储存温度(第5章)。访问样本库进行添加或取出样本会影响样本的温度,从而影响其解冻后的恢复效果。样本通常会在不同的地点使用,所以样本可能会被运送到指定位置进行解冻使用,因此在运输过程中保持低温对保持样本的质量至关重要。

当复温样本时,必须再次以不损坏样本的方式跨越冻结过程中穿过的相同温度范围。一般来说,复温速率必须大于降温速率一个数量级,最好是 $60 \sim 80 \, ℃/min$(第6章)。由于 CPA 不是生理溶液,因此在细胞进行后续使用之前,样本可能需要在解冻后洗涤来去除 CPA。

细胞保存的目的是保留样本的关键生物学特性。所以冻存方案还必须包括解冻后评估的科学方法。具体来说,解冻后评估的方法必须满足后续细胞使用的需求,往往不仅是细胞膜的完整性评估。冷冻过程会给细胞带来巨大变化,这使得解冻后的评估具有挑战性,因此在评估和解释细胞解冻后的状态时需要小心谨慎(第7章)。

1.7   可重复性

可重复性差是生命科学研究中的一个重要问题(Freedman et al., 2015),这导致技术开发过程的时间延迟和成本增加。据估计,因为缺乏可重复性每年的损失约为280亿美元。目前已经确定了一些影响低温保存方案重复性的特定因素(Freedman et al., 2015)。

这些因素包括：

- 细胞在保存过程中受到过度刺激（overstressed）；
- 冷冻/解冻液选择不当；
- 冷冻液成分过期；
- 细胞冷冻或储存方法不当；
- 细胞解冻方法不当；
- 冷冻细胞量过少。

细胞冻存方案不可避免地会关注严谨性和可重复性，本书描述了提升冻存结果（即细胞恢复和功能）和冻存方案的可重复性的具体做法。

1.8　安全性

保存过程可能使操作者暴露在特定的危险中。例如处理含有 DMSO 的溶液可能会对人体造成一定损害（DMSO 可以通过皮肤快速流动并渗透）。使用 LN_2 储存细胞可能会使操作者承担冻伤和窒息的风险。在相关章节（第 3 章和第 5 章）中描述了类似的危害以及处理这些潜在危害的方法。

1.9　揭开"冷冻黑匣子"的神秘面纱

细胞保存是成千上万技术人员每天的常规操作，对于这些人中的大多数来说，保存方案就是一个神秘的黑匣子，并不理解其中的原理。想要使用某种冻存方案达到预期的效果，必须让操作者理解保存方案是由单个步骤组成的（图1.3），并且每个步骤的背后都有科学原理作支撑。本书中的信息将使用户能够构建新的冻存方案并调整现有方案来优化结果。为了在科学原理和实际操作之间建立联系，每章最后都有一个总结，阐述每一步骤背后的科学原理和将这些原理付诸实践的实用技巧。

参考文献

Avior，Y.，I. Sagi, and N. Benvenisty. 2016. "Pluripotent stem cells in disease modelling and drug discovery." *Nat Rev Mol Cell Biol* 17(3)：170-182.

Bhatia，S. N.，and D. E. Ingber. 2014. "Microfluidic organs-on-chips." *Nat Biotechnol* 32(8)：760-772.

Caplan，A. I.，and D. Correa. 2011. "The MSC：an injury drugstore." *Cell Stem Cell* 9(1)：11-15.

Freedman，L. P.，M. C. Gibson，S. P. Ethier，H. R. Soule，R. M. Neve，and Y. A. Reid.

2015. "Reproducibility: changing the policies and culture of cell line authentication." *Nat Methods* 12(6):493-497.

Freedman, L. P., M. C. Gibson, and R. M. Neve. 2015. "Changing the culture of cell culture: applying best practices and authentication to ensure scientific reproducibility." *Biopharm Int* 28(10):14-20.

Hubel, A., D. Carlquist, M. Clay, and J. McCullough. 2004. "Liquid storage, shipment, and cryopreservation of cord blood." *Transfusion* 44(4):518-525.

Hubel, A., R. Spindler, and A. P. Skubitz. 2014. "Storage of human biospecimens: selection of the optimal storage temperature." *Biopreserv Biobank* 12(3):165-175.

Ivanova, N. V., and M. L. Kuzmina. 2013. "Protocols for dry DNA storage and shipment at room temperature." *Mol Ecol Resour* 13(5):890-898.

Lai, T., Y. Yang, and S. K. Ng. 2013. "Advances in Mammalian cell line development technologies for recombinant protein production." *Pharmaceuticals (Basel)* 6(5):579-603.

Leibo, S. P., and P. Mazur. 1971. "The role of cooling rates in low-temperature preservation." *Cryobiology* 8(5):447-452.

Li, M. D., H. Atkins, and T. Bubela. 2014. "The global landscape of stem cell clinical trials." *Regen Med* 9(1):27-39.

Plaks, V., C. D. Koopman, and Z. Werb. 2013. "Cancer circulating tumor cells." *Science* 341 (6151):1186-1188.

Rauen, U., and H. de Groot. 2002. "Mammalian cell injury induced by hypothermia: the emerging role for reactive oxygen species." *Biol Chem* 383(3-4):477-488.

Shapiro, H. M. 2005. Practical Flow Cytometry. Hoboken, NJ: John Wiley & Sons, Inc.

Sharma, R. R., K. Pollock, A. Hubel, and D. McKenna. 2014. "Mesenchymal stem or stromal cells: a review of clinical applications and manufacturing practices." *Transfusion* 54 (5):1418-1437.

Spitzer, M. H., and G. P. Nolan. 2016. "Mass cytometry: single cells, many features." *Cell* 165(4):780-791.

Waldmann, T. A. 1991. "Monoclonal antibodies in diagnosis and therapy." *Science* 252(5013): 1657-1662.

Weiner, L. M., R. Surana, and S. Wang. 2010. "Monoclonal antibodies: versatile platforms for cancer immunotherapy." *Nat Rev Immunol* 10(5):317-327.

Wurm, F. M. 2004. "Production of recombinant protein therapeutics in cultivated mammalian cells." *Nat Biotechnol* 22(11):1393-1398.

Yu, J., M. A. Vodyanik, K. Smuga-Otto, J. Antosiewicz-Bourget, J. L. Frane, S. Tian, J. Nie, G. A. Jonsdottir, V. Ruotti, R. Stewart, Slukvin, II, and J. A. Thomson. 2007. "Induced pluripotent stem cell lines derived from humansomatic cells." *Science* 318(5858): 1917-1920.

第 2 章　冷冻前处理与表征

细胞在冷冻保存之前经历的处理过程会影响它们冷冻/解冻后的生存能力。随着应用场景的不断拓展,细胞的处理/操纵技术也在不断向前发展,以下罗列了处理或操纵细胞的常用方法:

- 从完整的组织或器官中消化细胞;
- 低体温储存(液体);
- 细胞亚群的选择(选择性耗尽或富集);
- 激活或刺激细胞;
- 基因修饰(基因的插入或删除);
- 培养。

经历这些过程的细胞可能会受到物理压力(如离心、流体剪切等)、营养缺失和其他压力(如病毒感染或电穿孔)的影响。这些冷冻前的刺激虽然是非致死的,但会影响细胞在冷冻和解冻刺激后的存活能力。本章旨在帮助读者了解在冷冻保存之前处理过程对细胞状态的影响以及减轻这些影响的策略。

冷冻前的处理过程还应该包括对被保存样本的表征,至少要包含对细胞类型的鉴定和外来因子(如病毒、支原体等)的检测。在细胞治疗领域则需要更多的冷冻前表征手段,而这些也都将在本章进行讨论。

2.1　冷冻前处理

2.1.1　从组织中消化细胞

分离组织或器官中原代细胞的常用方法是消化细胞外基质来分离细胞。组织通常被机械破坏后置于分解细胞外基质和解离细胞的酶溶液中。这一过程产生两种不同类型的压力(损伤):切断组织的血液供应而导致的缺氧损伤和消化过程引发的损伤。这些冷冻前处理过程的影响在肝细胞中得到了最广泛的研究。肝细胞在消化后处于极度缺氧状态(Hubel et al.,2000),另外失巢凋亡(Anoikis,脱离组织引起的程序性细胞死亡)在肝细胞中很常见,是培养和低温保存期间细胞损失的来源之一(Nyberg et al.，2000；Yagi et al.，2001)。在含氧条件下进行短暂培养是帮助肝细胞从与组织或器官分离的压力中恢复的最常用方法(Li et al.，1999)。

2.1.2　低体温保存

对细胞进行冷藏(通常是在冰上)和运输是很常见的。当细胞处于低温(非冰冻)时会发生一系列变化。降低细胞的温度会降低其代谢活性,同时细胞膜上的离子泵不能正常工作,细胞内的离子浓度也会发生变化,这种效应引发的常见后果是细胞发生肿胀。低温也会影响线粒体活性(例如 ATP 减少和自由基清除能力减弱)。据推测,低体温保存期间的损伤是由活性氧物质引起的(Rauen，de Groot，2002)。有核细胞不发生显著损失的低体温储存时间通常很短(少于 72 小时)。

从供体(人或动物)收集的细胞通常使用血浆作为短期储存溶液。血浆含有许多短期储存所需的营养物质,并且对细胞来说是一个健康的环境。对于正常、健康的献血者,使用血浆或血清作为冷藏保护液是比较合适的。但使用来自不健康献血者的血浆存在一定风险,因为血浆中可能有未知的药物残留。另外,患者也可能营养状况不佳,这反过来也可能影响储存在其血浆中的细胞的稳定性。综上所述,使用血浆作为保护液带来了一定的不可控性,可能对低温储存期间细胞的稳定性产生不利影响。

对于培养中的细胞,市面上可用的冷藏保护液选择有限。组织培养基通常不适合用作短期储存溶液,因为大多数缓冲液体系需要使用 5%二氧化碳的培养环境(Freshney，2010)。没有缓冲机制会导致环境 pH 的显著变化,其产生的细胞压力可能加速细胞损伤。器官储存溶液非常昂贵,其主要作用是解决器官由于缺血和再灌注损伤引起的损伤(而非活性氧引起的损伤)。

如第 1 章所述,UCB 是一种常见的细胞类型,在冷冻保存之前需要进行短期储存。UCB 可以在白天或晚上的任何时间采集,通常会先耗尽红细胞,然后在UCB 样本库中进行冷冻保存。UCB 单元的处理是在专门的设施(符合 GMP 标准的细胞处理机构)中进行的,而不是在收集 UCB 的医院,因此它必须首先经历短暂的运输过程。这一过程通常是液态的低体温冷藏保存,从收集地点运输到处理和储存地点。UCB 在收集后运输到专门机构的过程没有添加额外的储存溶液或添加剂(抗凝血剂除外)。此时,婴儿自己的血浆就是一个短期的冷藏保护液。

目前已有的用于细胞液态冷藏保存的保护液十分有限。如前所述,红细胞冷藏使用的是专门为红细胞设计的溶液(Valeri et al.，2000),不能用于其他细胞类型。有研究人员开发了一种造血细胞的短期冷藏保护液,并在 UCB、骨髓(Schmid et al.，2002)和外周血干细胞(Burger et al.，1999)上进行了测试。

细胞的低温冷藏保存方法是亟待改进的,首先的目标是使细胞的储存时间超过 72 小时。如果将细胞的非冻结储存时间延长至一周,则可能会对再生医学和细胞治疗领域产生革命性影响。最近的一项研究表明,提高物理稳定性(防止细胞沉降)可以优化低体温储存细胞的恢复情况(Wong et al.,2016),这种策略在延长储存时间方面很重要。

2.1.3　细胞亚群的选择

细胞群的异质性是常见的,例如使用单采法获取的治疗用细胞产品可能包含多种细胞类型,这种异质性会影响混合细胞群的整体特征。T 细胞可以从单采样本中分离出来,但调节 T 细胞(T_{reg})的存在会影响 T 细胞作为治疗药物时的效果。在经过基因修饰的细胞群中,基因修饰不会发生在所有细胞中,因此有些细胞可能会被修饰而另一些则不会。细胞治疗产品效果可能会因为不同的细胞成分(基因修饰的细胞与非基因修饰的细胞比例)而变化。因此,细胞纯化或去除不需要的细胞亚群是一个常见的操作过程。两种最常用的细胞筛选方法包括免疫磁珠分离(磁珠分选)和流式细胞分选。

免疫磁珠分离方法是使用磁性纳米颗粒结合特异性抗体对细胞进行标记。标记后的细胞通过磁铁,此时标记过的细胞被磁场吸引而停留,而未标记的细胞会通过从而达到筛选目的。如果被标记的细胞是要保留的,则这一过程被称为富集或筛选;如果被标记的细胞是要丢弃的,则这一过程被称为耗尽(depletion)。细胞的筛选过程可能会包含多次细胞清洗,时间上需要几个小时,因此不可避免地会对细胞产生压力。

另一种选择细胞亚群的方法是使用流式细胞术对细胞进行分选。荧光分子通常与靶向细胞的抗体结合实现标记,然后根据细胞表面荧光通过设备进行物理分类。与免疫磁珠分离方法类似,该过程可以使特定的细胞群富集或耗尽,并且需要一定的处理时间。

2.1.4　细胞的激活与刺激

有些方法(过程)可以在不改变细胞基因的情况下改变细胞的生物状态或特性,最常见的就是细胞的激活或刺激。激活通常用于免疫细胞治疗,具体来说,T 细胞可以通过与表达抗原的细胞共培养或与抗原结合的纳米颗粒等人工构建物来激活。最终的结果是细胞的活化,这会影响多种生物学特性,如增殖、细胞代谢、功能和对凋亡的抵抗等(Palmer et al.,2015)。对活化后细胞的冷冻行为的研究有限,一项研究表明,活化的 T 细胞更能抵抗解冻后的细胞凋亡(Hubel,2006)。这项研究表明,通过非遗传方法改变细胞的生物学特性,有可能影响细胞对冻融压力的响应。

2.1.5　基因修饰

有多种方法可以对细胞的基因进行修饰,其中一种常见的方法是病毒载体,通过重组病毒可以将遗传物质传递到细胞中。在自然界中,病毒可以感染细胞并将遗传物质传递到细胞中,病毒载体就是利用相同的机制将遗传物质转移到细胞中的。目前已经有多种不同类型的病毒载体被用于细胞的基因修饰,包括逆转录病毒、慢病毒、腺病毒和腺相关病毒。病毒载体的类型可以根据特定的生物学属性来选择。例如,慢病毒可用于不增殖的靶细胞,而逆转录病毒需要分裂细胞才能整合。

基因编辑技术的最新发展使细胞内基因的插入、删除或替换成为可能。工程化的核酸酶用于在所需位点产生双链断裂,并且可以通过同源重组或非同源末端连接实现修复。内切酶、锌指核酸酶、基于转录激活因子的效应核酸酶,以及成簇规律间隔短回文重复序列(CRISPR-Cas9)是目前使用的基因编辑方法。例如,CRISPR-Cas9 可以使用病毒和非病毒方法(例如,电穿孔、ribonucleocomplexes、核糖核复合物)插入基因。

基因的添加或删除可能影响细胞的冷冻反应,但很少有研究论文探索这个问题。不同细胞对冷冻反应的差异表明基因表达的差异可能会影响冷冻反应。此外,某些患者特异性诱导的多能干细胞(iPS)对传统的冷冻保存方案反应不佳可能与基因的差异性有关。随着基因编辑技术与应用的拓展,冷冻保存方案可能需要对某些基因进行针对性的修改。

2.1.6　细胞培养

在冷冻保存之前,对原代细胞或细胞系进行培养很常见,与其他形式的冷冻前处理一样,培养条件会影响细胞状态,从而影响细胞在冷冻和解冻压力下存活的能力。培养条件应避免营养缺失或过度剪切。进行细胞培养最主要的目的是扩增细胞数量,对于原代细胞,细胞应在相对较低的传代次数下冷冻保存(传代次数应作为样本注释的一部分)。原代细胞的过度培养会导致表型的变化(Freshney,2010),例如 MSCs 的培养扩增过程中,在相对较少的传代次数(大约 5 次)内观察到了表型从正常到衰老的转变。虽然衰老表型在冻存后存活,但没有持续下去(Pollock et al.,2015)。并且衰老表型是一种炎症表现,不适合临床应用。对于连续扩增的细胞系,建议冷冻保存的细胞应处于指数生长期(Coecke et al.,2005)以提高核质比。

2.1.7　预处理过程的监测

细胞冷冻前预处理过程产生的压力不一定会马上导致细胞的失活(例如膜完

整性被破坏),但也许已经对细胞造成了不可挽回的影响。所以可以在处理过程中时刻监测细胞凋亡的早期迹象或代谢变化,作为细胞处于亚致死状态的标志。

2.2　冷冻前表征

冷冻保存的细胞能够被正确使用的前提是要确认细胞类型,不当的细胞鉴定是生物医学研究中常见的错误来源(Freedman et al.,2015)。因此,细胞鉴定是冻存前表征的关键步骤。冷冻前表征可以包括以下测定:

- 类型;
- 基因稳定性;
- 计数;
- 纯度;
- 外来感染源。

值得注意的是,每种细胞表征方法都有局限性。大多数系统对于给定的细胞大小或细胞浓度范围的检测是准确的。了解特定细胞表征方法的适用范围对正确使用它至关重要。

2.2.1　细胞鉴定

细胞系:在冷冻保存之前对细胞系进行鉴定至关重要,因为研究表明生物医学研究中使用的大量细胞系被错误识别或被其他细胞类型污染。细胞系鉴定错误的现象十分普遍,以至于资助机构现在要求对用于生物医学研究的细胞系需要进行常态化鉴定。幸运的是,基于单核苷酸多态性或短串联重复序列的商用鉴定试剂盒使得细胞系鉴定快速且相对便宜。

原代细胞:原代细胞是从组织、器官或循环血液中分离出来的,与细胞系不同,原代细胞通常通过细胞表面标志物来识别。用荧光抗体对细胞进行染色,并用流式细胞术检测细胞特异性表面标记物的表达(或缺乏)。造血谱系的细胞表达 $CD45^+$。CD31 通常存在于内皮细胞、血小板、巨噬细胞、库普弗细胞、粒细胞、淋巴细胞(T 细胞、B 细胞和 NK 细胞)、巨核细胞和破骨细胞中。上皮细胞黏附分子仅在上皮和上皮源性肿瘤中表达。由于某些表面标记在多种细胞类型上都有表达,因此使用表面标记的组合来鉴定细胞是很常见的。例如,利用细胞表面标记 $CD73^+$、$CD90^+$、$CD105^+$、$CD45^-$ 的组合来鉴定 MSCs(Dominici et al.,2006)。

造血干细胞产品(如 UCB、外周血祖细胞、骨髓)是通常用于治疗用途的细胞。对于同种异体细胞(取自一个供体并给予另一个供体的细胞),细胞的鉴定过程还包括人类淋巴细胞抗原(HLA)和 ABO 相容性以便使细胞与受体匹配。造血祖细胞(CD34⁺、CD45⁺)亚群能够在受体中重建造血功能,因此造血干细胞产品的表征也包括该细胞群的量化,通常通过流式细胞法完成。

如果从原代组织中分离出异质培养物,则培养物的表征结果可能随时间而变化。例如,肿瘤外植体(explants)可能含有与特定类型癌症相关的上皮细胞。肿瘤中的基质细胞也存在,随着时间的推移,基质细胞比上皮细胞增殖得更快,可能会过度生长。因此,可能需要定期对异质培养物进行表征。

2.2.2　基因稳定性

突变、错配修复缺陷和染色体不稳定是遗传不稳定性的三种主要类型。过度培养或基因编辑的细胞应进行遗传稳定性分析。

诱导多能干细胞(iPS)和胚胎干细胞(ESC): 诱导多能干细胞和胚胎干细胞在培养过程中都表现出遗传不稳定性,特别是有影响 1,12,17,20 号染色体变化的倾向。染色体核型分析和荧光原位杂交(FISH)是验证这些细胞遗传稳定性的两种常用技术(Steinemann et al., 2013)。

细胞系: 基因稳定的细胞系在蛋白质生产过程中至关重要,是保证在整个生产周期中产生具有稳定的生化特性蛋白质所必需的。基因组 DNA 的丢失或过度变异可能导致蛋白质的糖基化异常,从而影响蛋白质的治疗潜力。确定细胞系的遗传稳定性因应用和细胞类型而异。一般来说,给定细胞系的转基因 DNA 和转基因拷贝数以及随后的 mRNA 序列必须在生产蛋白质所需的时间内保持稳定。

2.2.3　细胞计数

计算样本中存在的细胞总数是一种非常常见的细胞表征方法,特别是用于治疗的细胞。手工计数最常见方法是使用血细胞细胞器(或类似的网状网格)。该装置使用方便且不需要复杂训练即可完成操作。然而该方法的使用存在常见的误差来源,包括:① 样本在装样前必须均匀混合;② 样本的适当稀释(100 万～200 万细胞/mL);③ 计数足够数量的细胞(200～300);④ 样本的蒸发。这种计数方法最常用于实验室计数或当样本不允许使用自动计数器时。

定量悬浮液中细胞的另一类常用方法是计算细胞通过孔径时电阻抗的变化(Creer, 2016)。阻抗的变化是细胞体积的函数,因此它也是一种量化细胞大小的方法。使用这种方法可以实现分类计数,但这些测量也会存在偏差。例如,有核红细胞会被算作淋巴细胞,这是在处理 UCB 而不是其他造血干细胞产品时的一个问题。还可以使用基于射频电导的细胞计数方法,与电阻抗法操作方式类似。

另一类常见的细胞自动计数方法是使用光(例如,激光、荧光或普通光)。光的前向和侧向散射与细胞的大小和复杂性有关。流式细胞术使用这种方法进行细胞分析,还有其他商品化的系统也使用光。

2.2.4　纯度

外周血或造血干细胞产品是异质细胞产品,临床分析仪将对这些产品进行分类计数(悬浮液中每种细胞类型的百分比)。细胞分类计数在临床上用于检测疾病,也可用于在特定处理步骤中来表征细胞产品,特别是细胞亚群的选择。

造血干细胞产品中存在的祖细胞群(CD34$^+$)在临床上很重要,但在供者、骨髓和 UCB 中所占的比例相对较小(2%～4%)。为了使这种细胞类型的计数标准化,已经进行了大量的工作(Sutherland et al.,1996)。使用流式细胞术获取和分析这种细胞类型的标准化旨在减少操作人员和实验室之间的差异。

2.2.5　外源因子

被外源因子污染的细胞不应被冷冻保存,最佳操作规范建议细胞在进行冷冻保存前需要对此进行检测。具体的检测规范将取决于供体来源、培养历史和它们的预期应用。对于血液制品,目前的检测包括乙型肝炎、丙型肝炎、艾滋病(HIV 1 型和 2 型)、人类 T 淋巴营养病毒(HTL-Ⅰ/Ⅱ)、梅毒、西尼罗河病毒和抗克氏锥虫。除了前面列出的疾病外,器官捐献还可能接受疱疹病毒和巨细胞病毒的筛查。

冷冻的前处理过程也可能导致细胞受到外源因子的污染,这些因子包括病毒、细菌、支原体、真菌、立克次体、原生动物、寄生虫和传染性海绵状脑炎因子。应对细胞进行筛选,看是否存在以上这些污染物。商业的测试实验室有标准的测试方法来筛选这些污染源。然而,根据细胞的处理过程,可能需要进行额外的检测。例如,如果细胞是用含有牛或胎牛血清的培养基培养的,那么对细胞进行牛类病毒检测可能是必要的。

2.2.6　细胞治疗产品的微生物检测

细胞治疗产品通常按批次生产,无菌测试是一个常规的质控标准。因此每个测试所需的样本量要能代表一个巨大的细胞量。用于微生物检测的样本量通常很小(小于 1 mL)。

产品的取样应在样本放入最终容器并添加了所有溶液后进行。基于风险考虑的方法有时用于确定解冻后测试是否合适。例如,如果在冷冻、储存或解冻过程中容器出现破裂或失效,则可以进行解冻后测试。冷冻和解冻细胞治疗产品的保质期通常小于完成无菌测试所需的时间(Duguid et al.,2016)。

评估污染的新方法正在不断开发中,有些已经实现商业化。以下几种方法可用于细胞的冷冻前检测:

- 生物荧光检测——检测微生物释放的 ATP；
- 细菌生长产生的代谢副产物引起的溶液电阻抗变化；
- 基于核酸的检测方法（如 PCR）——能够检测不同微生物；
- 检测细菌生长引起的气体压力变化；
- 流式细胞术联合荧光染色检测细菌细胞。

这些方法可以快速检测污染，而传统方法可能需要几天的时间。

2.2.7　针对细胞治疗产品表征的特殊考虑

用于治疗的细胞因其特殊性也存在不同的处理方法，体现了监管要求。所需的检测包括在冷冻前确定细胞的安全性、纯度、类型、效力和稳定性。细胞产品的纯度通常由细胞计数和细胞表面标记表征确定，如前所述。细胞类型的鉴定通常是通过定量细胞表面标记物来确定的。细胞效力可以通过活力和功能测定来确定，这可能因细胞类型和应用而异。与储存的细胞一样，用于治疗的细胞将进行人类病毒、真菌、细菌和支原质污染的检测。大多数产品的无菌检测应按照法规进行，具体取决于产品。

2.3　预处理过程的注释

最佳操作规范（best practices）要求样本的处理记录附有注释，以反映冷冻保存前细胞所经受的所有处理步骤。其中对于血液生物标本，样本的注释方法已经标准化。标准预分析代码（Standard Preanalytical Codes，SPREC）（Betsou et al.，2010）是由国际生物与环境样本库（ISBER）开发的一个标注流体生物标本的规范。影响来源于血液和其他体液细胞解冻后恢复的因素包括：

- 细胞来源（血液、尿液、腹水、支气管肺泡灌洗液等）；
- 容器类型；
- 采集管中的抗凝血剂或其他添加剂（蛋白酶抑制剂）；
- 采集和处理之间的延迟时间；
- 样本在延迟期间保持的温度；
- 离心速率；
- 离心后的延迟时间。

以造血细胞为基础的细胞疗法可通过采血或骨髓抽吸获得。对于骨髓抽吸的样本，注释应包括以下内容：

- 使用的麻醉方法/麻醉剂；
- 采集方法（地点等）；

- 抗凝剂；
- 采集量；
- 获取的有核细胞数；
- 采集和处理之间的时间和温度
- 离心（持续时间和使用的离心力）；
- 采集袋和抗凝剂；
- 离心；
- 过滤；
- 单核细胞的分离。

对于单采收集的样本，注释可以包括以下内容：
- 制度法规（可选）；
- 采血设备/装置；
- 设备的运行条件（如入口流速）；
- 细胞计数（红细胞污染、总细胞计数等）；
- 收集效率；
- 抗凝血剂和收集袋；
- 收集和处理之间的时间和温度。

更多影响常规细胞治疗过程中冷冻前处理的因素的信息可以在 Areman 和 Loper（2016）中找到。

虽然先前给出的预分析因素列表并不意味着详尽无遗，但指出了在冷冻保存之前影响细胞质量的自然因素。样本的正确注释应该包括这些参数，即使它们在处理过程中没有特别控制。我们可以通过这种方法持续改进样本的采集和处理过程。

2.4　科学原理

细胞在冷冻保存前的处理过程会影响细胞对冷冻过程的反应。

2.5　将科学原理融入实践

- 样本在冷冻前经受的处理应作为样本记录使用的一部分加以注释，参考 SPREC 或其他合适的指南（Betsou et al.，2010）。
- 在冷冻保存之前，对细胞进行特征表征很重要。应确定细胞类型，并在冷冻保存前对细胞进行内源性或外源性因子检测。

• 过程即产品,因此从最佳的细胞状态开始是解冻后获得有利结果的关键一步。

• 使用染料测定细胞膜的完整性是检测细胞压力的一种方法。存活率小于80%可能表明处理过程中出现了问题,导致细胞在冷冻前受到过大压力。

• 与冷冻前处理相关的一些压力是亚致死的,但可能影响解冻后的恢复。检查细胞凋亡的早期迹象(细胞凋亡蛋白酶 caspase 表达)可能会有所帮助。高水平的 caspase 表达可能表明冷冻的前处理过程对细胞产生了较大压力。

• 如果细胞是培养后获取的,检查表型的变化可能会有帮助。具体地说,量化衰老细胞的比例可能有助于描述培养质量,衰老细胞的比例应小于5%。

• 当细胞承受了一定压力,在冷冻保存之前可以采用一定策略来改善细胞的健康状况(例如短暂培养)。

• 对于从器官或组织中消化的细胞,冷冻前短暂的培养可以改善细胞解冻后的恢复。

• 对于贴壁生长的细胞,球形的细胞培养也被用于减少损伤和改善肝细胞解冻后的恢复(Darr,Hubel,2001;Hubel,Darr,2004)。

• 添加 caspase 抑制剂或与 Rho 相关的激酶蛋白抑制剂(ROCK 抑制剂)可用于抑制细胞凋亡。然而使用 caspase 抑制剂或 ROCK 抑制剂会导致解冻后增殖能力减弱。

参考文献

American Type Culture Collection Standards Development Organization Workgroup, A. S. N. 2010. "Cell line misidentification: the beginning of the end." *Nat Rev Cancer* 10(6): 441-448.

Areman, E. M. , and K. Loper. 2016. Cellular Therapy: Principles, Methods and Regulations. 2nd ed. Bethesda, MD: AABB.

Betsou, F. , S. Lehmann, G. Ashton, M. Barnes, E. E. Benson, D. Coppola, Y. DeSouza, J. Eliason, B. Glazer, F. Guadagni, K. Harding, D. J. Horsfall, C. Kleeberger, U. Nanni, A. Prasad, K. Shea, A. Skubitz, S. Somiari, E. Gunter, Biological International Society for, and Science Environmental Repositories Working Group on Biospecimen. 2010. "Standard preanalytical coding for biospecimens: defining the sample PREanalytical code." *Cancer Epidemiol Biomarkers Prev* 19(4):1004-1011.

Burger, S. R. , A. Hubel, and J. McCullough. 1999. "Development of an infusiblegrade solution for non-cryopreserved hematopoietic cell storage." *Cytotherapy* 1:123-133.

Coecke, S. , M. Balls, G. Bowe, J. Davis, G. Gstraunthaler, T. Hartung, R. Hay, O. W. Merten, A. Price, L. Schechtman, G. Stacey, W. Stokes, and Ecvam Task Force on Good Cell Culture Practice Second. 2005. "Guidance on good cell culture practice. a report of the second ECVAM task force on good cell culture practice."*Altern Lab Anim* 33(3): 261-287.

Creer, M. H. 2016. "Integrated Analysis of Hematopoietic Cellular Therapy Product Quality." In Cellular Therapy: Principles, Methods and Regulations, edited by E. M. Areman and K. Loper, 530-544. Bethesda, MN: AABB.

Darr, T. B., and A. Hubel. 2001. "Postthaw viability of precultured hepatocytes."*Cryobiology* 42(1):11-20.

Dominici, M., K. Le Blanc, I. Mueller, I. Slaper-Cortenbach, F. Marini, D. Krause, R. Deans, A. Keating, Dj Prockop, and E. Horwitz. 2006. "Minimal criteria for defining multipotent mesenchymal stromal cells. The International Society for Cellular Therapy position statement."*Cytotherapy* 8(4):315-317.

Duguid, J., H. Khuu, and G. C. du Moulin. 2016. "Assessing Cellular Therapy Products for Microbial Contamination." In Cellular Therapy: Principles, Methods and Regulations, edited by E. M. Areman and K. Loper, 606-611. Bethesda, MD: AABB.

Freedman, L. P., M. C. Gibson, S. P. Ethier, H. R. Soule, R. M. Neve, and Y. A. Reid. 2015. "Reproducibility: changing the policies and culture of cell line authentication."*Nat Methods* 12(6):493-497.

Freshney, R. I. 2010. Culture of Animal Cells: A Manual of Basic Technique and Specialized Applications. 6th ed. Hoboken, NJ: Wiley-Blackwell.

Hubel, A. 2006. "Cellular Preservation: Gene Therapy, Cellular Metabolic Engineering." In Advances in Biopreservation, edited by J. G. Baust. Boca Raton, FL: CRC Press.

Hubel, A, and T. B. Darr. 2004. "Post-thaw function and caspase activity of cryopreserved hepatocyte aggregates."*Cell Preserv Tech* 2(3):164-171.

Hubel, A., M. Conroy, and T. B. Darr. 2000. "Influence of preculture on the prefreeze and postthaw characteristics of hepatocytes."*Biotechnol Bioeng* 71(3):173-183.

Li, A. P., P. D. Gorycki, J. G. Hengstler, G. L. Kedderis, H. G. Koebe, R. Rahmani, G. de Sousas, J. M. Silva, and P. Skett. 1999. "Present status of the application of cryopreserved hepatocytes in the evaluation of xenobiotics: consensus of an international expert panel."*Chem Biol Interact* 121(1):117-123.

Nyberg, S. L., J. A. Hardin, L. E. Matos, D. J. Rivera, S. P. Misra, and G. J. Gores. 2000. "Cytoprotective influence of ZVAD-fmk and glycine on gel-entrapped rat hepatocytes in a bioartificial liver."*Surgery* 127(4):447-455.

Palmer, C. S., M. Ostrowski, B. Balderson, N. Christian, and S. M. Crowe. 2015. "Glucose metabolism regulates T cell activation, differentiation, and functions."*Front Immunol* 6:1-6.

Pollock, K., D. Sumstad, D. Kadidlo, D. H. McKenna, and A. Hubel. 2015. "Clinical mesenchymal stromal cell products undergo functional changes in response to freezing."*Cytotherapy* 17(1):38-45.

Rauen, U., and H. de Groot. 2002. "Mammalian cell injury induced by hypothermia: the emerging role for reactive oxygen species." *Biol Chem* 383(3-4):477-488.

Schmid, J, J. McCullough, S. R. Burger, and A. Hubel. 2002. "Non-cryopreserved bone marrow storage in STM-Sav, in infusible-grade cell storage solution." *Cell Preserv Technol* 1 (1):45-52.

Steinemann, D. , G. Gohring, and B. Schlegelberger. 2013. "Genetic instability of modified stem cells—a first step towards malignant transformation?" *Am J Stem Cells* 2(1):39-51.

Sutherland, D. R. , L. Anderson, M. Keeney, R. Nayar, and I. Chin-Yee. 1996. "The ISHAGE guidelines for CD34⁺ cell determination by flow cytometry. International Society of Hematotherapy and Graft Engineering." *J Hematother* 5(3):213-226.

Valeri, C. R. , L. E. Pivacek, G. P. Cassidy, and G. Ragno. 2000. "The survival, function, and hemolysis of human RBCs stored at 4 degrees C in additive solution (AS-1, AS-3, or AS-5) for 42 days and then biochemically modified, frozen, thawed, washed, and stored at 4 degrees C in sodium chloride and glucose solution for 24 hours." *Transfusion* 40(11): 1341-1345.

Wong, K. H. , R. D. Sandlin, T. R. Carey, K. L. Miller, A. T. Shank, R. Oklu, S. Maheswaran, D. A. Haber, D. Irimia, S. L. Stott, and M. Toner. 2016. "The role of physical stabilization in whole blood preservation." *Sci Rep* 6:1-9.

Yagi, T. , J. A. Hardin, Y. M. Valenzuela, H. Miyoshi, G. J. Gores, and S. L. Nyberg. 2001. "Caspase inhibition reduces apoptotic death of cryopreserved porcine hepatocytes." *Hepatology* 33(6):1432-1440.

第 3 章　冷冻保护液的组成与引入

3.1　低温保护剂的重要性

自 19 世纪初以来，人们一直在尝试对生物样本进行冷冻保存（McGrath et al.，1988），但直到发现具有冷冻保存作用的试剂才使得生物样本的冻存与复苏成为现实，这些试剂通常被称为冷冻保护剂（Cryoprotective Agent，CPA）。1949 年发现的第一个 CPA 是甘油（Polge et al.，1949），大约 10 年后，二甲基亚砜（DMSO）及其低温保护能力（Lovelock，Bishop，1959）被发现。这两种 CPA 至今依旧被广泛用于冷冻保护液的配制。

从普遍意义上来说，CPA 是一种添加剂，可以在降温过程中改变水分子的行为并抑制冰晶形成。同时这些 CPA 分子还必须起到稳定蛋白质、细胞膜等其他细胞内关键结构的作用。新的 CPA 开发有赖于发现或合成能够提供以上这些保护作用的分子，DMSO 作为其中的典型代表已经有几十年的历史，但它也有明显的局限性（包括细胞毒性以及它对某些细胞类型无效的事实）。因此，寻找可以替代DMSO 的 CPA 一直是热门的研究方向，一个可行的方案是设计含有多种成分的混合溶液以协同的方式保护细胞。随着我们对 CPA 作用机制的理解不断加深，利用计算机对这些具有低温保护性能的分子进行精确设计或筛选成为可能，最终的结果将是开发出一个更大的可以保护细胞的化合物库，并有可能为特定应用或特定细胞类型定制低温保存解决方案。

其他分子也曾被证明具有低温保护作用，但都未实现广泛应用。表 3.1 列出了已被证实具有低温保护作用的分子。极少数的分子（如 DMSO 和甘油）为各种各样的生物样本提供普适性的冷冻保护作用，而其他分子对少数细胞类型表现出冷冻保护作用。值得注意的是，CPA 分子的类型有多种，包括有机溶剂（例如DMSO、甲醇）、聚合物（例如右旋糖酐、羟乙基淀粉）、糖醇（例如甘油、山梨醇、甘露醇、肌醇）、糖类（例如蔗糖、葡萄糖、海藻糖）和有机化合物（包括氨基酸）。

表 3.1 低温保护剂分子

普适性的低温保护分子			
Dextran 右旋糖酐	Polyvinylpyrrolidone 聚乙烯吡络烷酮	DMSO 二甲基亚砜	Propylene glycol 丙二醇
Ethylene glycol 乙二醇	Trehalose 海藻糖	Glycerol 甘油	Sucrose 蔗糖
Hydroxyethyl starch 羟乙基淀粉			

只对特定范围细胞有低温保护作用的分子			
Alanine 丙氨酸	Mannose 甘露醇	Albumin 白蛋白	Methanol 甲醇
Butandiol 丁二醇	Methoxy propanediol 甲氧基丙二醇	Chondroitin sulfate 硫酸软骨素	Methyl acetamide 甲基乙酰胺
Choline 胆碱	Methyl formamide 甲基甲酰胺	Diethylene glycol 二甘醇	Methyl glucose 甲基葡萄糖
Dimethyl acetamide 二甲基乙酰胺	Methyl glycerol 甲基甘油	Dimethyl formamide 二甲基乙酰胺	3-O-Methyl-D-glucopyranose 3-O-甲基-D-葡萄糖
Erythritol 赤藓糖醇	Proline 脯氨酸	Formamide 甲酰胺	Propandiol 丙二醇
Glucose 葡萄糖	Ribose 核糖	Glycerolphosphate 甘油磷酸酯	Serine 丝氨酸
Glycerolmonoacetate 甘油一醋酸酯	Sorbitol 山梨醇	Glycine 甘氨酸	Triethylene glycol 三甘醇
Inositol 肌糖	Trimethylamine acetate 三甲胺醋酸盐	Lactose 乳糖	Urea 尿素
Maltose 麦芽糖	Valine 缬氨酸	Mannitol 甘露醇	Xylose 木糖

3.2 低温保护作用的机理

历史上对 CPA 作用机制的探索是根据它们对水的作用及其在冻结期间的行为来确定的,这个出发点并不奇怪,因为水在生物系统中起着至关重要的作用。早有学者对低温保存中常用的多组分溶液的相图进行了表征(Cocks,Brower,1974)。在给定的零下温度,溶质的加入改变了盐的浓度,这种效应通常被称为依数效应。其他研究探讨了 CPA 对细胞内/外水溶液玻璃化的影响(Angell,1995)。近年来的研究从分子水平提出了水冻结行为的解释,特别是用于冷冻保存的复杂溶液。光谱学研究(Vanderkooi et al.,2005)已经证明,像甘油或蔗糖这样的 CPA 会影响水的氢键结合。

除了细胞内的水分,细胞解冻后的功能还有赖于细胞膜的完整性和细胞内结构(如细胞骨架、蛋白质、细胞核)和功能的完整性。研究还证明了 CPA 在稳定细胞关键生物结构方面的作用。糖类,特别是海藻糖在冷冻过程中能够稳定细胞膜(Anchordoguy et al.,1987),而其他保护剂可以稳定蛋白质(Arakawa,Timasheff,1985)。这些保护剂的组合可以使解冻后的细胞功能保持不变(Pollock et al.,2016),并稳定细胞骨架(Pollock et al.,2017)。

3.3 冷冻保护液的组成

CPA 可以自行配制,也可以直接从公司购买,后者具有明确的成分和更高的稳定性。许多商业上可用的配方都是受专利保护的,这也在用户中引起了一些争议。无论是使用购买的冷冻保护液还是自己配置的溶液,所使用试剂的质量都至关重要。悬浮在 CPA 溶液中的细胞不能被灭菌、过滤或纯化。因此,试剂的质量决定了冷冻保护液的品质,从而决定了细胞产品的质量。理想情况下,冷冻保护液的各个成分应该是药品级的。研究发现,保护液生产过程中产生的残留污染物会影响细胞解冻后的恢复情况,因此配置时应该使用品质高、成分明确的原料(Sputtek,1991)。

大多数冷冻保护液由三个基本成分组成:母液(carrier solution)、低温保护剂(CPA)和蛋白质来源,母液在体积上占主要部分,通常为平衡盐溶液。冷冻保护液会因为应用场景不同而存在差异(见表 3.2)。

表 3.2　体外用途、细胞治疗用途和细胞库用途中的常见冷冻保护液组成

体外用途	细胞治疗用途	细胞库用途
组织培养基 低温保护剂(CPA) 动物血清	批准用于人体输注的溶液,如: · Normosol R · Plasma-lyte A · Lactated ringers 低温保护剂(CPA) 人血清白蛋白(HSA)	明确成分的组织培养基 低温保护剂(CPA)

对于体外用途,冷冻保护液的母液通常使用组织培养基。而在某些应用中,蛋白质来源(如血浆或血清)也被直接用作冷冻保护液的母液。

对于细胞治疗或体内用途,通常使用输注级的平衡盐溶液(如 Normosol R 或 Plasma-lyte A)作为冷冻保护液的母液。组织培养基含有未批准用于人体输注的成分,并且可能含有已知致热源的添加剂。胎牛血清(或其他动物蛋白)不适合用于人类治疗用途的冷冻保护液。动物蛋白在注射时会引起患者的免疫反应(特别是对于需要多剂量的治疗),并且存在传播外来致病因子的可能性(例如,牛海绵状脑炎)。人源血清(HS)、血小板裂解液或血浆也可用于冷冻保护液,但这些溶液的成分没有明确定义,其成分或对保存结果的影响可能因供体的健康状况而异,对患者来说,以上液体可能有药物残留。一个替代的解决方案是使用人血清白蛋白(HSA),这是一个更稳定的产品但依然存在疾病传播的风险和争议。

对于细胞库用途,用于生产生物制品的细胞系的保存通常使用成分明确的培养基(不含血清)并添加 CPA。避免在冷冻保存溶液中使用动物源成分是很常见的,因为血清是一个没有明确定义成分的溶液,批次之间变化很大,且还存在疾病传播的风险,因此在细胞库中很少使用。

冷冻保护液中的其他添加剂包括:

· **抗凝血剂和 DNA 酶**。在冷冻过程中溶解的细胞可导致细胞聚集或血浆残留蛋白质的凝固。为了减少或防止聚集,经常加入抗凝剂或 DNA 酶来减少样本凝固或细胞聚集。

· **缓冲液**。在大气条件下,组织培养基没有缓冲成分,pH 会发生显著变化。同样,电解质溶液也没有缓冲成分。某些类型的细胞对 pH 的变化比其他类型的细胞更敏感,并且由于 pH 变化引起的细胞冻前应力可能对解冻后的恢复产生不利影响。冷冻保护液可能包含了适合在正常大气条件下使用的缓冲剂。但在细胞外溶液中形成冰后,pH 的变化应该与缓冲剂的使用无关。

· **生物修饰剂(biological modifiers)**。包括细胞凋亡蛋白酶 caspase 抑制剂

或其他抗凋亡药物和 Rho 相关的激酶蛋白抑制剂（ROCK）。冷冻前处理的应激可导致细胞凋亡或死亡。ROCK 抑制剂已用于 iPS 的冻存以改善解冻后的恢复。同样，冻融造成的压力可导致解冻后细胞凋亡。因此，caspase 抑制剂已被用于减少解冻后的细胞损失。

3.3.1　玻璃化溶液的组成

纯水可以玻璃化，但只有在极为苛刻的条件下（极小体积和极大的降温速率）才能实现。目前用于保存的大多数玻璃化溶液由母液和高浓度（例如 4～6 mol/L）CPA 组成（Fahy，Wowk，2015）。传统玻璃化溶液中常用的 CPA 包括 DMSO、甘油、乙二醇、丙二醇、蔗糖和聚合物。高浓度的 CPA 组合旨在抑制冻结过程中冰晶的形成。

玻璃化溶液中的其他组分还可以包括用于抑制冰晶成核或生长的成分（即抑冰剂，ice blocker）。抗冻蛋白的作用是抑制冰晶生长，但它们很难获取且成本昂贵。其他的选择包括聚合物，如聚乙烯醇（PVA）或聚甘油都被证明有抑冰效果。抑冰剂的使用还可以降低样本玻璃化所需的总溶质浓度。

由于玻璃化溶液的毒性是其使用的一个重要局限，玻璃化溶液也可以包含一些添加剂来减少溶液引入后的损伤（Fahy，2010）。例如，氨基化合物被用来降低 DMSO 的毒性，还有甲酰胺和尿素也可以用来降低毒性。其他添加剂如乙酰胺和 N-甲基乙酰胺也曾被使用，但可能效果较差。

3.3.2　冷冻保护液的表征和质量控制

使用不当或过期的冷冻保护液被认为是造成冷冻结果不稳定的因素之一（Freedman et al.，2015），因此自行配制的冷冻保护液应采取合理的质量控制措施。例如配制后应测量溶液 pH 和渗透压。渗透计价格便宜，使用方便，可用来定量测定溶液的总渗透压。CPA、盐和其他添加成分可能对溶液的总渗透压有贡献，溶液配置后测定的渗透压可以与预期的渗透压和规定的可接受的渗透压范围进行比较，这种做法将减少配制或稀释冷冻保护液时发生的操作失误。

由于冷冻保护液的保质期也很重要，因此应该进行额外的稳定性研究来确定配制后保存液的保质期。溶液的 pH 随时间的变化是由组分降解造成的，因此可以根据 pH 来判断保护液是否变质。另外通过傅里叶变换红外光谱（FTIR）可以表征配制的冷冻保护液的稳定性，溶液的光谱可以作为时间的函数进行监测，光谱的波数或波峰大小的变化可以识别溶液或特定组分的降解。还有一种方法是利用常用细胞系使用不同配置时间的保护液进行冷冻保存验证。随着冷冻保护液放置时间的增长，特定细胞系解冻后恢复的显著下降可用于确定该溶液的保质期。一且确定了保质期,保存方案中应规定溶液的保质期和过期溶液的处理方法。

对冷冻保护液基本的质量控制措施有助于提高冷冻方案的可重复性。上面描述的许多措施并不复杂或昂贵,因此应该执行以促进保存方案的可重复性。除了前面描述的表征方法,玻璃化溶液的冻结行为也可以用差示扫描量热法(DSC)来表征,冰晶形成释放的热流可以通过 DSC 被检测到,该方法通常用于验证那些不会形成冰晶的溶液。

3.4　CPA 毒性

冷冻保护液通常不是生理溶液而是高渗的,通过科学合理的设计可以在冷冻过程中为细胞提供保护作用。一般来说,将细胞长期置于冷冻保护液中是不可取的,因为会产生渗透毒性和生化毒性这两种独立的损伤,二者可能会在冷冻保护液的引入、孵育和去除过程中发生。在对特定细胞类型设计保存液和低温保存方案时,需要对这些损伤进行表征。

3.4.1　渗透毒性

生理溶液的渗透压为 $270 \sim 300$ mOsm。相比之下,10% DMSO 溶液的渗透压约为 1400 mOsm。当细胞从生理溶液中转移到冷冻保护液中时,细胞的初始反应是脱水,以减少细胞内外溶液之间的渗透压差。如果溶液中包含了渗透性的小分子(如 DMSO 和甘油),细胞会在迅速脱水后体积缓慢恢复,这是小分子渗透到细胞中造成的(图 3.1(a))。水的分子量为 18 Da,而 DMSO 的分子量为 78 Da,甘油的分子量为 92 Da。这些分子量的差异意味着水总是以更快的速度进出细胞,从而导致细胞体积的显著变化。如果这些体积变化超出一定范围,细胞将在引入冷冻保护液过程中发生裂解。如果冷冻保护液中只含有产生渗透压力但不可以被动穿透细胞膜的大分子,细胞就会脱水并保持脱水状态(图 3.1(b))。由于不同细胞类型的渗透敏感性存在差异,因此我们在"设计 CPA 添加的方案"部分,给出了确定目标细胞渗透敏感性的简单方法。

由于大多数细胞在使用前需要洗涤或稀释,因此在解冻后去除保护剂时也面临着以上类似的问题。解冻后的细胞与冷冻保护液已经达到渗透平衡,这意味着内部溶液的渗透压高,细胞质中也含有 CPA 小分子。然后将细胞从高渗透压溶液转移到低渗透压溶液,水分子会迅速涌入胞内,导致细胞体积迅速增长,随后小分子 CPA 会缓慢地从胞内离开到胞外(图 3.1(c)),导致细胞体积逐渐恢复。然而,细胞对膨胀比对收缩更敏感,因此在 CPA 去除过程中发生的细胞损失可能更显著。幸运的是,目前有简单实用的步骤可以用来减少 CPA 添加和去除过程中的细胞损失。

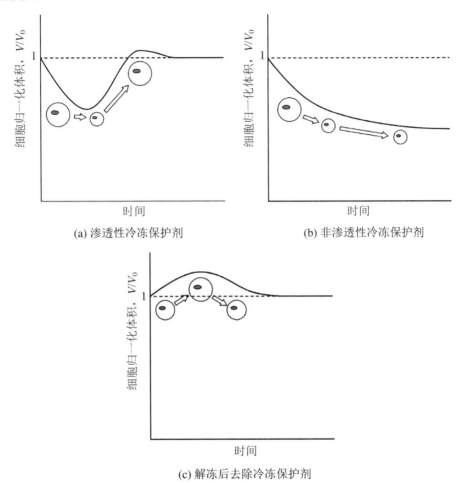

(a) 渗透性冷冻保护剂

(b) 非渗透性冷冻保护剂

(c) 解冻后去除冷冻保护剂

图 3.1　引入保护剂后细胞的体积响应（V_0 为细胞的初始体积，V 为细胞的实时体积。）

3.4.2　生物化学毒性

CPA 中有些成分是对细胞不利的，如 DMSO 和甘油是有机溶剂，细胞在这些添加剂中孵育时会随着时间的推移而活力降低。DMSO 会改变细胞骨架，改变细胞代谢，改变膜流动性（Fahy, 1986），随着暴露时间的延长，这些影响会导致细胞活力的丧失。暴露在 DMSO 而导致的活性降低可能随着时间的推移而迅速发生，例如很常见的一种情况是，当冷冻保存造血干细胞（骨髓、脐带血和外周血祖细胞）用于治疗时，会在冷冻开始前限制暴露于 DMSO 的时间少于 30 分钟，以尽量减少

DMSO 溶液毒性产生的细胞损失。降低细胞和溶液的孵育温度（例如放在冰上）可以降低 CPA 的生化毒性，因此 DMSO 通常是在较低的温度下添加的（例如 4 ℃）。

3.5　设计 CPA 溶液的添加方案

如上所述，冷冻保护溶液不是生理溶液，因此直接添加或去除可能导致细胞损失（细胞冷冻前的损失），设计添加和去除冷冻保护液的方法是冷冻保存方案的重要环节。一般来说，细胞可以耐受细胞外渗透压增加 4 倍。因此，在单步添加下细胞可以忍受 1200 mOsm 以内的保护液渗透压，而不产生显著细胞损失（渗透毒性造成的损失）。但表征 CPA 生化毒性造成的细胞损失比较困难，目前没有通用的方法来评估。

一个基础的实验可以用来表征细胞对给定的 CPA 添加方案（溶液组成、添加方法（单步或多步）以及添加温度）的反应。这项实验的结果可以用来了解添加过程中细胞损失的潜在机制，并据此来制定减轻压力或细胞损失的策略。在进行基础实验之前，一个重要指标是要设置自己能接受的在保护剂添加过程中细胞损伤的上限。在大多数情况下引入冷冻保护液后，应该可以将细胞损失控制在 10% 以下。对于渗透压敏感型的细胞，可接受的细胞损失水平可能需要适当提高。

3.5.1　基础实验

使用一步添加法将给定的冷冻保护液引入细胞悬浮液中，样本在给定的温度和时间下进行孵育，在规定的时间点取出细胞样本并测定细胞活力。

案例研究 1：在引入冷冻保护液之前，对细胞活力进行检测，发现其活力很高（97%）。引入保护液后，在 0,1,2 和 4 小时检测细胞活力。在对应的时间点上，细胞活力分别为 83%,82%,85% 和 80%。

案例解释与优化策略：大多数细胞损失发生在最初的时间点（$t=0$ 时），并且在之后 4 小时内活力基本上是恒定的（在细胞活力测量时的正常误差范围内波动）。这一结果表明细胞损失是由 CPA 溶液的渗透毒性引起的，而不是由生化毒性引起的。测试的这种细胞类型不能忍受所测试的浓度的阶跃变化。针对这种情况，减少细胞损失有两种选择：① 使用注射泵或其他设备缓慢地将溶液添加到细胞悬浮液中，从而缓慢地增加溶液的渗透压；② 多步法添加 CPA 以减少单次添加产生的渗透压差。同样，降低保护液添加时的温度可以减缓体积变化的速度，并有可能减少细胞损失。

案例研究 2：在引入冷冻保护液之前，对细胞活力进行检测，发现其活力很高

（97％）。引入保护液后，分别在 0，1，2 和 4 小时测定细胞活力，结果分别是 95％，92％，85％和 80％。

案例解释与优化策略：细胞损失起初很低（$t = 0$ 时），但损失随暴露时间的增加而稳步增加。这一结果表明细胞损失是由冷冻保护液的生化毒性引起的。想要减少细胞损失可以通过减少细胞暴露在溶液中的时间来实现。这种方法通常是在引入溶液后，将细胞尽快放入冷冻环境中。同时，降低保护液添加时的温度也是减少细胞损失的一种策略。

3.5.2　玻璃化溶液的添加

在设计玻璃化溶液（即高浓度 CPA 溶液）的添加方法时，细胞对胞内外渗透压差异的反应所表现出的体积变化很重要（图 3.1）。保护剂添加的一个最终目标是在完成渗透性冷冻保护剂添加过程后细胞没有净体积的变化，也就是细胞内外达到了渗透平衡。在理想的保护液配置下，水首先迅速离开细胞，随后渗透性 CPA 逐渐流入细胞使得体积恢复（图 3.1(a)），导致初始和最终的细胞体积相同。

玻璃化溶液配置过程中保持母液的等渗性是很重要的。当 CPA 加入母液中，母液就会被稀释。对于 10％的 DMSO 溶液而言，也许这种稀释效应是不明显的，但对于较高浓度的 CPA，这种稀释效应可能会很显著。Fahy 和 Wowk（2015）描述了一种简单方法使添加 CPA 后保持母液的等渗性，简而言之就是使用浓缩母液。将等重量浓缩的母液和冷冻保护剂混合后，用水稀释溶液以达到所需的最终体积。

玻璃化保护液添加过程的总体目标是减少过程所需的步骤和时间。与传统的冷冻保护液一样，大多数细胞可以忍受溶液 4 倍的渗透压变化而不会造成细胞损失。因此，引入高浓度溶液的每一步可以将溶液渗透压增加 4 倍，直到达到最终浓度。

对细胞渗透反应的理解和建模导致了添加高浓度溶液的其他方法的发展。例如，在半等渗的母液中，溶质浓度增加 4 倍（Meryman，2007）。这种方法可以使浓度提高 8 倍（而不是 4 倍）。类似的方法使用细胞渗透反应的数学建模，以最大限度地减少多步骤添加方案中的细胞收缩和暴露时间（Karlsson et al.，2014）。如果使用"4 倍规则"的标准添加方法不能带来让人满意的结果，那么使用数学建模来优化玻璃化溶液的引入可能会有所帮助。

3.6　细胞浓度

在添加冷冻保护液过程中的另一个考虑因素是添加溶液后细胞的最终浓度。

一般来说,希望细胞浓度尽可能高以减少储存体积,从而降低储存成本。但在保障细胞活力的前提下,可以使用的细胞浓度存在一个上限。在非常高的细胞浓度下,细胞融合在一起并可能在解冻过程中发生溶解(Pegg et al.,1984)。并且此时细胞内的水分占到样本中水分的很大一部分,这也会增加胞内冰的发生概率。当细胞压积(细胞体积除以细胞和溶液的总体积)大于20%时,冷冻过程中的细胞损失会显著增高(Levin et al.,1977)。根据这条规则,细胞浓度的上限阈值将随着细胞的大小而变化。首先需要计算细胞的体积:

$$V_{cell} = (4/3)\pi r^3$$

细胞浓度的最大值为C,当压积为20%时,压积$(0.2) = V_{cell} \times N_{cell}/V_{总}$,所以细胞浓度$C = N_{cell}/V_{总} = 0.2/V_{cell}$。

对于直径为10～20微米(大多数哺乳动物细胞的尺寸范围)的细胞,相应的最大细胞浓度是$(3\sim5)\times10^7$个/mL(即每毫升3000万～5000万个细胞)。

当细胞来源有限或所需细胞的数量低时,以低浓度冷冻细胞并不罕见。虽然没有低温生物学原理可以证明低细胞浓度会增加细胞损失,但在低细胞浓度下,细胞计数的误差就会增大,并且在细胞悬液处理和转移过程中带来的细胞损伤会极大影响最终的统计结果。

3.6.1　CPA溶液的去除

解冻后,细胞处于高浓度溶液(例如10% DMSO,约1.4 mol/L)中。对于大多数应用,细胞必须先转移到生理溶液(约300 mOsm)中才能供后续使用。因此CPA去除过程中细胞同样会经历与CPA添加时相同渗透应力变化。去除CPA溶液过程中,由于细胞内外化学势存在差异,水分子进入细胞膜内会使细胞发生肿胀;随后,渗透性CPA会逐渐离开细胞,导致细胞体积减小(图3.1(c))。由于细胞已经经受了冷冻过程的渗透压力,所以解冻后的细胞对体积变化非常敏感,因此CPA的去除过程需要更加谨慎。

目前有两种常用的策略来去除冷冻保护液使细胞损失最小。一种选择是用等渗溶液缓慢地稀释细胞,然后清洗细胞以去除CPA。另一种选择是使用一种特殊设计的洗涤溶液,它不是等渗的,但通过添加大分子量的糖或聚合物,渗透压略高(约600 mOsm)。渗透性CPA(例如DMSO)将离开细胞,因为洗涤溶液中没有DMSO。但较高的细胞外渗透压的洗涤溶液将减少水的流入,从而减少细胞所经历的体积变化(防止体积变化过于剧烈)。

3.7　冷冻保护液的安全性考虑

冷冻保护液可能含有安全风险的成分,因此在使用专用的冷冻保护液时,应向生产商索取安全建议。当使用内部配制的冷冻保护液时,应与实验室安全员协商制定具体的安全措施。

DMSO 很容易穿透皮肤,并有可能携带其他化学物质。因此,使用 DMSO 进行低温保存时的安全措施包括避免皮肤接触。具体的安全措施将根据所使用的 DMSO 的体积和浓度而有所不同。对于小体积和短时间的接触,穿戴橡胶或丁腈手套比较合适;对于大体积和较长时间接触通常使用丁基橡胶手套。还建议使用安全护目镜或使用化学通风橱处理 DMSO,穿实验室工作服也有助于防止皮肤接触。

3.8　低温保存容器

细胞和冷冻保护液必须放置在适合低温储存的容器中,并且可以在储存期间(可能是几十年)保持样本的完整性,因此高质量的低温保存容器至关重要。应挑选适用于低温储存的容器,并应检查制造商的规格,以确保容器适合在所需的储存温度(小于 150 ℃)下使用。

冷冻保存通常用到三种不同类型的容器。简单来说,这些容器适用于不同体积的样本。冷冻麦管(straws)适用于小体积(小于 1 mL),冻存管(vials)适用于中等体积(1～5 mL),冻存袋(bags)通常用于较大体积(5～350 mL)。选择容器时要考虑的其他因素包括该容器是否可以进行无菌密封处理(细胞治疗用途或细胞库用途)或与自动化处理系统兼容。

对于受监管的产品(例如细胞治疗产品),冷冻保存容器被指定为医疗器械,并且必须按照 FDA 和 GMP 国际标准制造。因此制造低温保存容器的公司必须在 FDA 注册,并提交申请以获取产品许可。

麦管:最常用于保存精子、卵母细胞和胚胎,管身长而细(长度 130～135 mm,直径 1～3 mm)。样本有较高的纵横比(长度/直径)意味着样本在冷冻期间可以实现很高的传热效率(500～2000 ℃/min),因此麦管通常用于玻璃化保存样本。某些麦管的一端包含了棉球,可以有效地装载样本,但会导致系统非封闭。如果担心交叉污染或样本的完整性,可以使用封闭型麦管,此外双麦管系统可以确保样本的封闭性。

冻存管:这是冷冻保存中最常用到的容器。冻存管价格相对便宜,盒子、架子和其他容器系统都很容易兼容这种冻存管。并且,某些特殊的冻存管还适合与自动化液体处理系统一起使用。冻存管由两部分组成:细胞悬浮液所在的管体和盖子(或帽),盖子通常是一个带螺纹(内螺纹或外螺纹)的塑料件,可以与管体的螺纹配合实现密封。在低温下螺纹密封可能会失效。如果储存在液氮(LN_2)的液相中,液体会渗入瓶中。当冻存管解冻时,样本中的 LN_2 迅速蒸发,小瓶内的压力快速增加,甚至会顶破盖子。因此大多数制造商会指定冻存管不能存储在液相液氮罐中。

　　冻存袋:通常冻存袋用于容纳较大体积/单元的细胞悬液(6~600 mL)。袋子通常由一个容纳细胞悬浮液的冷冻腔室、入口和出口管道组成。某些型号的冻存袋还包含一个放置标签的袋子。冻存袋通常包含一个或多个用于导入或移出细胞的端口,这些端口还可以包括不同的连接器如鲁尔接头,用于袋子之间或袋子与设备的连接。对于昂贵的细胞产品如细胞库内的样本或细胞治疗的产品,处理过程通常是无菌的。所以入口管道必须允许冻存袋与其他袋子或容器的无菌连接,以确保无菌转移细胞。同样,如果细胞要在解冻后处理,出口管道也必须确保细胞无菌转移。冻存袋通常在冷冻前放入盒子(例如铝盒)内。盒子由一个扁平的外壳组成,通常由铝或不锈钢制成。盒子的高导热性提高了在冷冻过程中袋子的散热能力。冻存袋的厚度由盒子控制,并使整个袋子保持一致(通常 4~10 mm)。另一方面,盒子可以挤压冻存袋,使袋子中形成一层均匀且薄的细胞悬浮液,改善了冻存袋的热量传递,并有助于确保冻存袋中心的细胞经历与袋子边缘细胞相似的降温速率。在冷冻过程中经历不同降温速率的细胞可能会有不同的结果,提升整个样本降温速率的一致性可以提高冷冻方案的可靠性(可重复性)。在液氮罐内部还设计了容纳盒子的货架,也方便了在细胞库中对细胞进行存取。

外包装

　　原始的冻存容器(冻存管或冻存袋)可以放在二级容器或外包装内。使用外包装可以防止样本被 LN_2 中存在的传染性病原体污染。早有液氮中病毒传播的记录(Tedder et al., 1995),而外包装可以阻断这种传播。外包装通常采用与冻存袋相似的材料制成,因为两者都必须耐受冷冻和低温储存。外包装也可用于防止产品在解冻时因开裂或原始冻存袋/管失效而损失样本。使用外包装会改变样本的传热特性,也就是说它将减缓样本可能经历的降温速率和复温速率(与没有覆盖的相同样本相比)。因此如果要使用外包装可能需要对原本不加外包装时使用的冻存方案进行修改,从而补偿其降复温过程中增加的传热阻力。

3.9　标签

　　样本只有通过合理的标记才能在保存、复苏和使用的各个环节被准确识别并应用。与储存容器一样,标签必须可以识别样本并在储存期间保持稳定,可以是几周、几个月,甚至几十年。有各种各样的标签可用于冻存容器,但为低温下储存的样本设置标签是具有挑战性的,冷冻保存容器外的字迹可能会被霜冻遮住,并且在霜冻去除时可能会被清除。标签的黏合剂在低温下性能下降,外部使用的标签可能会在储存过程中脱落。

手写标签:实验室中很常见的操作是将样本标签写在袋子或冷冻瓶的表面上。如果使用手写标签,油墨应耐溶剂且在低温下稳定。

预贴标签的冻存管:各种制造商都有预印标签或条形码的冻存管(或冻存袋),这种方式避免了在冻存容器表面粘贴标签。

印刷标签:许多供应商生产预印标签,可以贴在容器的外表面,印刷标签可能包括书面标识符以及条形码或其他可用机器读取识别样本的标签。

射频识别(RFID):该传感器使用电磁场来识别样本。RFID 既可以用来识别样本,也可以用来监测样本的温度。

对于受监管的产品,冷冻保存容器必须包括:① 防篡改产品标识符;② 身份标识符;③ 制造商标识符。此标签要求使产品和容器具有可追溯性。

3.10　样本注释

与冷冻前处理过程一样,样本的处理记录应包括以下内容:
· 冷冻保护液的组成说明;
· 引入冻存溶液的方案,包括孵育时间(时间限制)、保护液添加的温度(针对细胞和溶液)、保护液的添加方法。

3.11　科学原理

· 冷冻保护液的配制是为了改变水分子的行为,并在冷冻期间保护细胞的关键结构。
· 冷冻保护液不是等渗的,因此可能会造成细胞损伤,包括渗透损伤和生化毒性损伤。

3.12　将科学原理融入实践

· 冷冻保护液通常包含母液、CPA,有时也含有蛋白质来源(营养成分)。
· 冷冻保护液应使用高规格、高质量的产品,因为溶液添加到细胞中后无法进行纯化或灭菌等操作,可能残留的污染物已被证明会影响解冻后的恢复以及结果的可重复性。

　　• 使用过期或配方不正确的冷冻保护液是保存方案结果出入比较大的公认来源,采取一定的质控措施可以降低不良结果的可能性。

　　• 为了尽量减少细胞损失,应该制定添加和去除冷冻保护液/玻璃化溶液的方案。

　　• 低温储存容器的选择至关重要,有些样本的储存周期可能长达数十年。

　　• 样本的后续使用要求对样本进行正确恰当的标记。标签必须在低温下起作用,并在储存期间稳定有效。

参考文献

Anchordoguy, T. J., A. S. Rudolph, J. F. Carpenter, and J. H. Crowe. 1987. "Modes of interaction of cryoprotectants with membrane phospholipids during freezing." *Cryobiology* 24 (4):324-331.

Angell, C. A. 1995. "Formation of glasses from liquids and biopolymers." *Science* 267(5206): 1924-1935.

Arakawa, T., and S. N. Timasheff. 1985. "The stabilization of proteins by osmolytes." *Biophys J* 47(3):411-414.

Bhatnagar, B. S., R. H. Bogner, and M. J. Pikal. 2007. "Protein stability during freezing: separation of stresses and mechanisms of protein stabilization." *Pharm Dev Technol* 12(5): 505-523.

Cocks, F. H., and W. E. Brower. 1974. "Phase diagram relationship in cryobiology." *Cryobiology* 11:340-358.

Fahy, G. M. 1986. "The relevance of cryoprotectant 'toxicity' to cryobiology." *Cryobiology* 23 (1):1-13.

Fahy, G. M. 2010. "Cryoprotectant toxicity neutralization." *Cryobiology* 60(3 Suppl):S45-S53.

Fahy, G. M., and B. Wowk. 2015. "Principles of cryopreservation by vitrification." *Methods Mol Biol* 1257:21-82.

Freedman, L. P., M. C. Gibson, S. P. Ethier, H. R. Soule, R. M. Neve, and Y. A. Reid. 2015. "Reproducibility: changing the policies and culture of cell line authentication." *Nat Methods* 12(6):493-497.

Karlsson, J. O., E. A. Szurek, A. Z. Higgins, S. R. Lee, and A. Eroglu. 2014. "Optimization of cryoprotectant loading into murine and human oocytes." *Cryobiology* 68(1):18-28.

Levin, R. L., E. G. Cravalho, and C. E. Huggins. 1977. "Water transport in a cluster of closely packed erythrocytes at subzero temperatures." *Cryobiology* 14(5):549-558.

Lovelock, J. E., and M. W. Bishop. 1959. "Prevention of freezing damage to living cells by dimethyl sulphoxide." *Nature* 183(4672):1394-1395.

McGrath, J. J., K. R. Diller, American Society of Mechanical Engineers. Winter Meeting, American Society of Mechanical Engineers. Bioengineering Division, and American Society of Mechanical Engineers. Heat Transfer Division. 1988. Low temperature biotechnology: emerging applications and engineering contributions, presented at the winter annual meeting of the American Society of Mechanical Engineers, Chicago, IL, November 27-December 2, 1988, BED: vol. 10. New York: The American Society of Mechanical Engineers.

Meryman, H. T. 2007. "Cryopreservation of living cells: principles and practice." *Transfusion* 47(5):935-945.

Pegg, D. E., M. P. Diaper, H. L. Skaer, and C. J. Hunt. 1984. "The effect of cooling rate and warming rate on the packing effect in human erythrocytes frozen and thawed in the presence of 2M glycerol." *Cryobiology* 21(5):491-502.

Polge, C., A. U. Smith, and A. Parkes. 1949. "Revival of spermatozoa after vitrification and dehydration at low temperatures." *Nature* 164:666.

Pollock, K., G. Yu, R. Moller-Trane, M. Koran, P. I. Dosa, D. H. McKenna, and A. Hubel. 2016. "Combinations of osmolytes, including monosaccharides, disaccharides, and sugar alcohols act in concert during cryopreservation to improve mesenchymal stromal cell survival." *Tissue Eng Part C Methods* 22(11):999-1008.

Pollock, K., R. M. Samsonraj, A. Dudakovic, R. Thaler, A. Stumbras, D. H. McKenna, P. I. Dosa, A. J. van Wijnen, and A. Hubel. 2017. "Improved postthaw function and epigenetic changes in mesenchymal stromal cells cryopreserved using multicomponent osmolyte solutions." *Stem Cells Dev.* 26(11):828-842.

Sputtek, A. 1991. "Cryopreservation of red blood cells, platelets, lymphocytes, and stem cells." In Clinical Applications of Cryobiology edited by B. J. Fuller and B. W. W. Grout, 95-147. Boca Raton, FL: CRC Press.

Tedder, R. S., M. A. Zuckerman, A. H. Goldstone, A. E. Hawkins, A. Fielding, E. M. Briggs, D. Irwin, S. Blair, A. M. Gorman, K. G. Patterson, D. C. Linch, J. Heptonstall, and N. S. Brink. 1995. "Hepatitis B transmission from contaminated cryopreservation tank." *Lancet* 346(8968):137-140.

Vanderkooi, J. M., J. L. Dashnau, and B. Zelent. 2005. "Temperature excursion infrared (TEIR) spectroscopy used to study hydrogen bonding between water and biomolecules." *Biochim Biophys Acta* 1749(2):214-233.

第4章 冷冻方案

4.1 降温速率的重要性

如第 1 章所述,冷冻过程通过改变水的流动性和细胞中降解分子的活性来保存细胞,因此细胞必须从生理温度(哺乳动物约 37 ℃)冷却到低温进行保存。细胞的降温速率(℃/min)对它们的存活率有很大影响,这一点自 1960 年以来就为人所知(Leibo,Mazur,1971;Mazur,2004),因为人们发现在冷冻过程中细胞解冻后存活率与降温速率(B)有很大关系,这种关系可能与细胞类型和冷冻保护液的组成有关(图 4.1)。

降温速率 B 与细胞存活率之间的变化关系通常呈倒 U 形。过"低"和过"高"的降温速率都会导致存活率较低,并且最大存活率所对应的降温速率是一个很窄的范围。与最高存活率对应的降温速率范围因细胞类型而异(图 4.1(a)),例如红细胞在低浓度的 CPA,约 2000 ℃/min 的降温速率下表现出最高存活率,而造血干细胞在 1 ℃/min 下表现出高存活率(Mazur et al.,1970)。

特定细胞类型的存活率也会随着冷冻保护液组成的不同而变化(图 4.1(b))。一般来说,CPA 的浓度越高,对应的最佳降温速率越低。

样本的降温目前采用两种基本方法:程序降温冷冻和被动降温冷冻,这两种降温方式会在下面分别给出。通常情况下,当我们对细胞存活率和可重复性有很高的要求时,一般采用程序降温冷冻方案。但如果受到条件限制或对存活率与重复性的要求不严格,被动降温的冷冻方案更加合适。

4.2 程序降温

目前市面上有几种不同类型的程序降温仪,其设计的差异主要取决于:制冷方式、样本数量(体积)以及冷冻容器(麦管、冻存管、冻存袋)。本节将介绍目前已经商业化和使用比较广泛的设备。

冷却样本的一种方法是利用斯特林循环从样本中除去热量(Lopez,et al.,

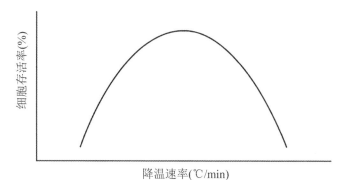

(a) 给定类型细胞的冷冻存活率随降温速率的变化

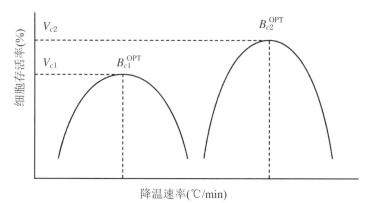

(b) 给定类型细胞的冷冻存活率随降温速率的变化而变化，但冷冻
保护液的成分不同

图 4.1 给定类型细胞的冷冻存活率的变化（V_{c1} 和 V_{c2} 分别是与保护液 1
和保护液 2 对应的解冻后存活率。B_{c1}^{OPT} 和 B_{c2}^{OPT} 分别是保护液 1
和保护液 2 对应的最佳降温速率。）

2012)，即斯特林制冷机就像一个热泵一样泵出热量。这一过程中制冷机的工作气
体在空间内进行压缩，压缩空间的温度将高于环境温度，因此热量将流入环境中实
现腔室冷却。这种方法不需要使用液氮(LN_2)，而是使用电力驱动的机械制冷，可
以将温度降低到 $-100\,^{\circ}\mathrm{C}$ 左右。这种方法适用于 LN_2 不方便供应的环境，在降温
速率方面存在限制($0.1\sim15\,^{\circ}\mathrm{C}/\mathrm{min}$)，而且斯特林引擎工作时会产生振动，在冷冻
过程中可能会对细胞造成损害(Lopez et al., 2012)。

另一种方法是使用 LN_2 为样本提供开环冷却，同时使用加热器为样本提供热补
偿。当加热器的功率降低时，样本的温度随之降低，这一切都由控制单元决定。与上
面描述的斯特林制冷一样，这种方法也存在降温速率的限制($0.01\sim10\,^{\circ}\mathrm{C}/\mathrm{min}$)。

　　还有一种制冷的方法是将低温的氮气置于一个装有待冷却样本的腔室中循环。控制系统检测腔室的温度,并根据系统的程序算法增加或减少低温氮气的流量。这种方法可以实现更大范围的降温速率(0.1~50 ℃/min)和样本体积(高达48 L)。

　　不断更新的程序降温仪很可能在未来实现商业化,细胞治疗和再生医学产品的制造方式正朝着标准化方向发展,这种转变将导致整个工作流程中自动化技术的发展。以下给出的程序降温方案可以不考虑以上描述的降温方式进行选择使用。

4.2.1　程序降温方案

　　程序降温仪通过降低冷冻腔室温度来实现样本降温,开发程序降温仪的降温程序需要对过程中的每一步进行明确定义和说明,如图4.2所示。

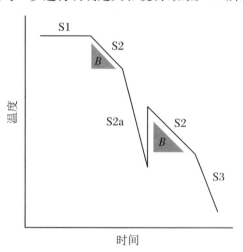

图4.2　程序降温仪中冷冻腔室温度随时间的变化
(程序降温的阶段包括:阶段 1(S1)——初始保持;阶段 2(S2)——控制降温段,其中(S2a)为成核段(可选);阶段 3(S3)——更快降温段(可选)到最终温度,样本被移出并转移储存。"B"是样本的降温速率,通常在降温方案中指定。)

4.2.2　阶段 1:预冷保持段

　　阶段 1 确定初始温度和保持时间。通常情况下程序降温仪的冷冻腔室会被预冷至一个略高于细胞或溶液结冰的温度（例如 0～4 ℃）。预冷的两个主要目的是：
① 降低细胞的温度，从而减少因暴露于冷冻保护液而导致的细胞损失；② 如果使
用程序降温仪从室温开始冷却样本并不会对细胞带来活性上的收益，并且还会延
长整个冻存程序所需的时间，换句话说就是预冷阶段可以节省时间。阶段 1 的时
间应足够长以确保样本与腔室温度达到平衡。如果保存的细胞是在室温下处理
的，这一阶段时间会更长以便细胞冷却。如果冻存的细胞体积比较大（例如冻存袋
或多个冻存管），这一阶段时间也需要增加。通常在这一温度保持 10～15 分钟比
较常见。

　　使用温度探头检测样本温度对于阶段 1 的矫正有重要作用，如果阶段 1 设计
得当，样本放入腔室后温度会下降，并与腔室平衡（图 4.3（b）点虚线）。在阶段 2
开始时，样本和腔室温度将保持十分接近，直到样本经历成核。但如果阶段 1 太
短，样本的初始温度将达不到与腔室平衡（图 4.3（b）虚线）。然后随着阶段 2 的开
始，样本温度将明显滞后于腔室温度，并且会导致样本之间的温度产生差异。

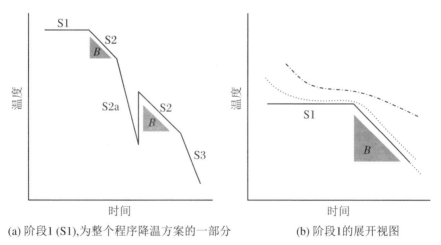

(a) 阶段1 (S1),为整个程序降温方案的一部分　　　　(b) 阶段1的展开视图

图 4.3　整体程序降温方案与阶段 1 的展开视图（腔室温度用实线表示,样本温度用虚
　　　　线表示。如果平衡的时间足够,则样本与周围的腔室温度平衡,那么它将在阶
　　　　段 2 (S2)温度始终保持贴近。如果平衡时间不足,样本温度将不跟随腔室温度
　　　　变化。）

4.2.3　阶段 2:控制降温段

　　程序降温方案的第 2 阶段从第 1 阶段的预冷温度开始,在此阶段,腔室温度随
时间逐渐降低。一般程序降温方案中所指的降温速率（例如 1 ℃/min）就是该段的
降温速率。细胞的损伤通常发生在这一阶段中较高的零下温度范围内,因此这一
阶段降温速率的控制尤为关键。阶段 2 进行过程中样本持续降温,直到样本处于

一个相当低的温度点,该温度是阶段 3 的起始温度。

样本冷却过程中,冰晶形成之前细胞和周围的水溶液形态基本保持不变。但冰的成核和随后的晶体生长将使水分子从溶液中离去。细胞和溶质从生长的冰相中被排斥,因此细胞被隔离在相邻冰晶之间的间隙中,并被高浓度液体包围。冰相的生长改变了细胞的化学和机械环境,因此冰成核和生长的温度对细胞在冷冻期间的存活很重要(图 4.4)。

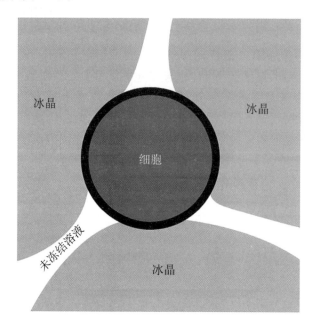

图 4.4　**细胞处于相邻冰晶之间的未冻结液体中**(随着温度的
降低,相邻冰晶之间的间隙逐渐减小,未冻溶液的溶
质浓度逐渐增加。)

纯水在冷却到 0 ℃时不会结冰(但在 0 ℃融化),它可以在 0～40 ℃的温度范围内随机发生冻结(Hobbs, 1974)。在大多数实际情况下(体积大,存在溶质),细胞悬浮液会在 -5～-15 ℃的温度范围内冻结。成核过程是随机的,这意味着结果可能是正态分布且可以预期。如果将 100 个冻存管(每个含有 1 毫升细胞悬浮液)放入程序降温仪中,并将冻存管以恒定的降温速率冷却至低温(例如 -40 ℃),这一过用热电偶监测样本在冷冻过程中的温度,结果会发现少数冻存管会在较高的零下温度下成核(-3～-5 ℃);大部分会在一个居中的零下温度下成核(-5～-9 ℃);小部分会在一个极低的零下温度下成核(-9～-15 ℃)。在不同的样本之间和不同的冷冻批次之间,发生成核的温度都可能不同。这种变化反映了成核过程的物理本质,即随机性(Toner et al. , 1990)。

综上所述,样本成核后细胞的化学和机械环境发生了显著变化。细胞对环境变化(溶液浓度增加)的反应是通过排出胞内水分来缩小细胞内外的渗透压差,而水脱离细胞的能力受到温度的剧烈影响。具体来说,细胞膜对水的渗透性随着温度的降低而降低(Mazur,1963),这种关系的结果表明样本成核的温度越低,在冻结过程中细胞中的水含量就越多,则细胞内形成冰的可能性就越大。因此,在给定降温速率下,降低细胞外溶液结冰的温度会增加细胞死亡的比例(Toner,1993;Toner et al.,1990),这种关系已在多种细胞类型中得到证实。所以这种关系意味着尽量减少细胞的过冷很重要,因此程序降温方案通常包括影响或控制样本成核的步骤。细胞悬浮液的过冷度指的是悬浮液的熔化温度 T_m 和悬浮液中冰晶成核温度 T_{nuc} 之间的温差 ΔT。降低细胞外溶液中结冰的温度会增加细胞的过冷度和细胞损伤的可能性。

阶段 2a:样本的置核(种冰)段。如前所述,样本的成核会给细胞的化学和机械环境带来显著的变化。对样本种冰或置核的基本方法有三种:① 非控制成核;② 手动置核;③ 自动成核(图 4.5)。

4.2.4　非控制成核

阶段 2 中按照恒定速率降温的样本,如果没有手动置核或自动成核步骤,这种情况的结晶现象被认为是不受控制的成核(图 4.5(a)),样本会随机、自发成核。由于成核过程的随机性,T_{nuc} 的差异会非常大,可能在 $-5 \sim -15\,^{\circ}\text{C}$ 之间变化。某些细胞类型可以承受深度的过冷(如淋巴细胞),而其他细胞类型对不受控制的成核反应非常敏感(如肝细胞)。所以在整个阶段 2 使用一个恒定降温速率保持不变并不常见,也没有利用到程序降温仪的优势(可以控制降温速率)。所以不受控制的成核通常见于后文描述的被动降温方案中。

4.2.5　手动置核

在手动置核过程中,样本在阶段 2 中被冷却到一个给定的零下成核温度,然后在这个相对较高的零下温度保持,打开冷冻腔室,使样本成核(图 4.5(b))。手动置核的一种常用方法是使用在 LN_2 中预冷的金属物体触碰样本,以产生局部超低温从而诱导成核。局部冷却的另一种方法是用狭小的 LN_2 气流喷射样本。置核完成后,关闭腔室,停止温度保持阶段,冷却过程继续直到达到阶段 2 的最终温度。手动置核最常用于对过冷非常敏感的样本(如胚胎)。

4.2.6　自动成核

在冷冻过程中常用的给样本置核的另外一种方法是将样本快速冷却到低温,

然后快速升温(图 4.5(c)),这一系列操作通常被称为自动成核。与手动置核一样,目的是控制细胞外溶液结冰的温度。值得注意的是,在升温步骤结束时腔室的最终温度应该设定成不包含种冰步骤的降温所达到的温度点(降温直线的延长线上)。

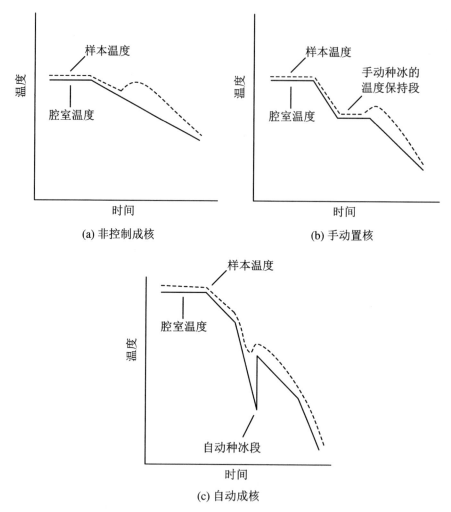

(a) 非控制成核

(b) 手动置核

(c) 自动成核

图 4.5 程序降温方案的阶段 1 和阶段 2 放大视图(实线表示冷冻腔室的温度,虚线表示样本的温度。)

如前所述,手动置核步骤通常是诱导局部冷却从而诱发成核,自动成核步骤通常是通过快速冷却和快速加热样本来达到相同的效果(局部冷却)。确定样本何时置核(种冰)成功以及细胞外溶液是否有冰是比较简单的:当样本中的水分子从液体转变为固体时,成核和晶体生长导致潜热释放,从而样本温度升高,可以很容易地使用温度传感器在被冻结的样本内或附近检测到(图 4.6)。温度上升的程度和持续时间与被冻结的体积和降温速率有关。被冻结的体积越大,潜热释放的持续时间就越长。

　　冰晶成核的温度(而不是时间)很重要。

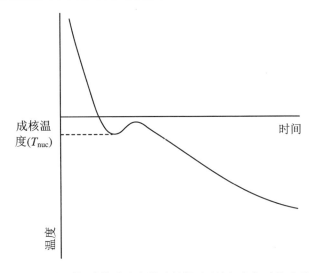

图 4.6　识别细胞外溶液中结冰的温度(样本冷却到低于融化温度的温度。融化潜热的释放导致温度升高。温度开始上升的点可以被认为是温度 T_{nuc}。)

4.2.7　阶段 2(包括 2a)的修正

　　如果阶段 2 选择的降温速率不合适(过高或过低),则细胞会死亡。如果自动成核阶段(快速冷却然后快速加热样本)不合适,细胞就会死亡。这一事实表明,在中途终止冷冻方案,解冻细胞,并确定解冻后的活力可以帮助确定特定的阶段的设计是否合理。冻结过程可以中途停止,例如可以在阶段 2 未结束时就复温细胞,或等到自动成核完成后再复温细胞,来判断降温速率或种冰过程对细胞活性的影响。

4.2.8　"延迟的"潜热

　　如前所述,成核过程是随机的,可以在一定温度范围内发生。增加种冰(置核)步骤是为了缩小这个温度范围(成核)。然而使用自动成核步骤并不能保证样本在冷冻过程中给定的时间或温度下都能实现成核。但在许多冷冻方案中,人们所期望的是在冷冻过程中的特定时间可以释放潜热。如果观察到成核和潜热释放晚于预期(即延迟潜热),则认为是方案中产生了偏差。此时,需要对细胞进行复苏后的活性检测来确认该"延迟"是否与复温后的细胞活性降低有关。

很多人关于冻结曲线的这一部分有很多困惑,这里将讨论一些常见的错误或混淆点。

我们首先要明确测量的是什么。通过温度测量装置获得样本的温度或含有冷冻保护液的冻存管的温度。如果同时冷冻多个样本,我们唯一可以了解成核特征的样本就是那个被检测的样本。如果一个样本在冷冻腔室中经历了延迟潜热(例如成核延迟或过冷程度更高)并不意味着所有样本都经历相同的现象。

关键参数是成核的温度,而不是时间。冻存方案应明确可以接受的成核的最低温度,而不是时间。成核开始的时间可能与冷冻腔室中的负载有关(例如同时冷冻1个冻存管与100个冻存管是不同的)。冻存方案的修正与偏差应该基于成核的起始温度(T_{nuc}),而不是成核的起始时间。一个常见的错误是指定一个时间范围,而不是一个温度范围来完成置核操作。

4.2.9　阶段3

程序冷冻方案的第3阶段是使用更高的降温速率将样本从低温(约 -50 ℃)冷却到最终温度(约 -100 ℃)(图4.2)。细胞对冰冻环境的反应随着温度的降低而减弱,因此理论上存在一个温度点,在这一温度点之下样本可以承受更高的降温速率(从而减少方案的时间和降温成本)来达到程序降温仪的最终温度。而程序降温仪最终温度的选择是为了防止样本从程序降温仪转移到最终储存单元(例如液氮罐、杜瓦瓶)过程中发生显著的复温从而影响细胞活性。

4.2.10　阶段3的修正

组成阶段3的两个核心要素是,阶段3开始时的温度及后续的降温速率。因此,这一阶段的验证可能包括:在阶段2将样本冷却到一个给定最终温度(例如 -50 ℃),取出部分样本,解冻该样本并测定活性。剩余的样本以更高的降温速率冷却到最终温度(约 -100 ℃),然后解冻测定活性。如果这两批样本之间的活性是相当的,那么阶段3的设置就是合适的。如果在阶段3结束时解冻的样本的活力低于在阶段2结束时解冻的样本,那么阶段3的起始温度或(且)阶段3的降温速率应调整降低。这一阶段所期望的结果是在阶段3与阶段2结束时细胞的活力相当,即阶段3提高的降温速率不会影响细胞的活率(只是单纯地减少方案所需要的时间,时间即成本)。

4.2.11　其他类型的程序降温方案

前面描述的内容适合于恒定降温速率的程序降温方案。其他类型的方案可能包括非线性降温速率。这些方案通常通过将给定细胞类型的生物物理建模与损伤机制建模相结合而创建,由此产生的方案旨在最大限度地减少冷冻保存时间和细胞内冰形成。目前这种类型的程序冻存方案还没有被广泛使用。

4.3 被动降温

被动降温(或"傻瓜式"冷冻)指的是将需要冷冻保存的样本直接放置在低温环境中(通常是 −80 ℃的机械冷冻腔室)。与程序降温冷冻不同,冷冻腔室的温度很低(例如 −80 ℃),并且不随时间变化。样本放入冷冻腔室后冷却,样本和腔室之间的温差随着时间的推移而减小,因此样本所经历的降温速率将随着时间的推移而减小。下面的三步描述将帮助读者开发一个被动冷冻方案。市面上已有被动冷冻装置,它们的使用和设计将在本节的末尾进行描述。

步骤 1:准备被动冷冻装置。一个成功的被动冷冻方案的关键是使这个过程尽可能地可重复。如果冷冻过程中的热传递是可复制的,那么被动冷冻方案的可重复性将更高。因此机械冷冻腔室应保证定期除霜和确保储存空间。储存装置内壁和架子上的冰将改变热传递,从而改变冷冻过程的可重复性。

步骤 2:确定冻结过程中的降温速率,这一步需要温度传感器和数据记录仪。装有待冷冻溶液的冻存袋/冻存管应使用热电偶进行检测。将温度测量装置插入冻存袋中或在冻存管的盖子上钻一个孔,并将热电偶粘在要冷冻的溶液中间的位置,为样本提供最准确的温度监测。也可以将温度测量装置用胶带粘在冻存袋/冻存管的外面。当胶带贴在冻存袋/冻存管外面时,测量到的降温速率将大于细胞实际经历的降温速率。

然后将装备好的冻存单元放置在机械冷冻腔室内,记录冷冻期间的温度与时间的关系。重要的是冻存袋/冻存管中应装有用于保存细胞的相同组成的冷冻溶液,因为不同的溶液组成具有不同的冻结行为。例如,含有 10% DMSO 的溶液与等渗盐水的冻结行为完全不同,另外这一过程冻存袋/冻存管不需要装细胞。

降温速率可以根据温度对应时间变化的函数来计算。有两种基本的降温速率:平均和局部/瞬时降温速率,这两种速率都可以按照如下公式计算:

$$B = \frac{T_{\text{final}} - T_{\text{initial}}}{t_{\text{final}} - t_{\text{initial}}}$$

在这里,T 是温度,t 是时间。平均降温速率应在冻结过程的温度范围内计算。例如,对于在 −80 ℃冰箱中的被动冷冻,可以计算出平均降温速率为

$$B = \frac{0\,℃ - (-80\,℃)}{t(0\,℃) - t(-80\,℃)}$$

然而,单纯使用平均降温速率是有风险的。如果局部降温速率或瞬时降温速率过高,可能会对细胞造成损伤。因此我们也可以计算局部或瞬时降温速率,以表

征被动冻结过程中实际产生的降温速率的范围。只有当冰晶开始在细胞外空间形成时（$T > T_{nuc}$），计算降温速率才变得重要。对于大多数样本，这个温度通常介于$-5 \sim -9\,℃$之间（结晶）。在$-80\,℃$的冰箱中，样本平均降温速率的最大值在$5 \sim 7\,℃/min$之间。而局部/瞬时降温速率可以变化很大（$1 \sim 10\,℃/min$）。如果在$-150\,℃$的冷冻腔室中冷冻样本，由于温差较大，平均降温速率更高。

对于一种给定的细胞类型和冷冻保护液的被动降温冷冻方案，其最佳降温速率应该在所使用设备可以达到的范围内。如果理想的（可接受的）解冻后活力所需的降温速率低于降温装置测量的实际速率，则可以将样本包裹在隔热材料中（例如聚苯乙烯泡沫）来降低降温速率。因此，可以重复步骤2来验证在增加了隔热材料后降温速率已降低到所需的水平。但这一过程应注意隔热材料的厚度和成分组成，以便在后续冷冻中可以重复相同的配置。

但如果可接受的解冻后活力所需的降温速率高于当前冷冻装置的实际速率，则可能无法对该样本使用此装置进行被动冷冻（假设没有温度更低的机械冷冻装置）。

步骤3：使用所需的降温速率冷冻细胞悬浮液。与步骤2一样，应该用热电偶或类似的温度传感装置在冷冻过程中记录样本的温度变化，同时应该计算样本的平均降温速率、过冷度、复苏后活性并记录。通常使用被动冷冻方案解冻后细胞的恢复情况比在程序降温仪中冷冻的细胞要差，这是由被动冷冻方案中成核的不可控性造成的。因此重复步骤3并量化该因素（不确定成核）对特定细胞类型解冻后恢复的影响十分重要。如果活性的变化太大，则该被动冷冻程序可能不适合预期用途。

目前商用的被动冷冻装置，其设计理念是产生一个可控的平均降温速率（最常见的是$1\,℃/min$）。这一目标一般通过两种不同的方法实现：① 乙醇浴；② 给定厚度和几何形状的隔热泡沫。使用乙醇的被动冷冻装置需要日常维护，具体来说，酒精会从大气中吸收水分，因此必须定期更换（参见制造商的建议）。而对于基于泡沫的被动冷冻装置没有这样的要求。

重要警告：开发被动降温或程序降温方案的指南仅限于给定的细胞类型和给定的冷冻保护液。溶液成分的显著变化可能会改变对应的最佳降温速率，因此需要针对新的保护液对冷冻方案进行调整。此外，没有一种冷冻方案适用于所有细胞类型。如前所述，不同的细胞类型可能需要不同的降温速率以获得最佳的存活率。此外，一种类型的细胞可能比另一种类型的细胞对过冷更敏感，这就需要对成核方法进行针对性调整。

4.4　样本转移与储存

　　冷冻程序完成后,样本应从冷冻装置转移到储存设备中。程序降温仪或被动降温装置中的样本会在取出时迅速变暖。虽然样本可能看起来是冻结的,但样本在转移过程中会以 $10\sim100\,℃/min$ 的速率升温,这可能导致样本的部分融化或在细胞内外发生重结晶。这种短暂的回温现象的最终结果可能是细胞活力的丧失,应当尽量避免。目前市场上有各种各样的用于转移冷冻样本的低温容器,用于将样本从冷冻装置转移到储存设施,样本容器内的温度应尽可能接近降温装置或储存的温度。例如,如果在 $-100\,℃$ 的程序降温仪腔室中取出样本,则转移样本容器的温度应小于 $-100\,℃$。此时如果使用温度为 $-80\,℃$ 的干冰进行转移是没有意义的,因为其温度高于原有的 $-100\,℃$,会导致样本的快速升温。目前市面上有些转移容器可以在转移过程中记录温度随时间的变化情况,该数据也纳入到样本的生产过程记录中。转移过程的具体步骤和细节会在后面的章节中描述。

4.5　玻璃化

　　玻璃化保存方案通常不需要程序化的降温环境,大多数情况下它们的操作方式类似于被动冷冻。即将样本放置在极冷的环境中(通常是 LN_2),并以不受控制的方式降温到溶液的玻璃化转变温度以下。

　　玻璃化样本最常用的方法是将样本快速浸入 LN_2 中,由石英或聚合物制成的小直径麦管可以用于实现玻璃化所需的超高降温速率;第二种方法是使用所谓的低温环(cryo-loop),样本被放置在一个小的金属环中,再浸入 LN_2 来使其玻璃化;第三种方法是将待玻璃化的样本置于最小体积的溶液中并放在金属板上,再浸入 LN_2 中;还有一种方法是将容器的一部分放入 LN_2 中,然后用移液管将样本装入已经预冷的容器中进行玻璃化,与前面描述的方法相比,该方法是一个开放系统,样本与 LN_2 之间存在直接接触(Asghar et al. , 2014)。

　　在玻璃化过程中改善传热的方法还有降低环境压力,从而促进液氮浆(固体和 LN_2 的混合物)的形成。样本在这种混合物中不会沸腾,并且传热得到加强。降温速率达到了 $130000\,℃/min$ (Lopez et al. , 2012)。

　　总的来说,上述玻璃化方法仅限于小体积且需要使用高浓度的冷冻保护剂(高降温速率和高浓度溶质结合导致玻璃化)。目前玻璃化技术最常用于胚胎或卵母细胞的低温保存,因为样本体积足够小,并且在实验室中添加和去除玻璃化溶液所需的显微操作技术已经成熟。

4.6　独立的温度测量

由于降温过程中温度随时间的变化对细胞的存活起着重要作用,因此测量温度并记录温度随时间的变化对于开发或验证程序冷冻方案或被动冻结方案至关重要。

冷冻期间的温度监测装置有多种,热电偶温度传感器是其中最常用的,因为它们坚固耐用且价格低廉。在冻结的温度范围($0\sim-196\ ℃$)内最常使用的是 T 形热电偶(铜-康铜热电偶)。电阻温度传感器也可用于测量该范围内的温度。数据记录仪便于记录温度与时间的函数,从而允许计算降温速率(温度/时间的变化)。这些装置既不昂贵也不难操作,可以用于冷冻期间的温度监控。

大多数程序降温仪都有温度测量探头和数据记录仪,用于记录冻结期间的温度。通常有两种不同的温度探头:腔室探头和样本探头。腔室探头测量腔室一个位置的温度,该温度是被用于设置编程温度的;样本探头可以放置在冷冻的样本旁边(例如放置在冻存盒中的冻存袋旁边)。但其实这样操作是不严谨的,因为冻存袋内外存在温差,不能反映样本真实的温度变化,即便如此,目前这种方法还是被广泛采用。

另一种方法是使用对照样本来监测冷冻过程中的温度。温度探头通过袋子上的端口或在冻存管上钻一个孔并通过孔将温度探头插入溶液中。在这种情况下,不能保持样本的无菌性,因此样本中不需要包含细胞悬浮液,只需要有一定量的CPA 溶液即可模拟该方案中细胞经历的温度变化。

冻结一个对照样本可能无法反映腔室中所有样本的冻结行为,特别是当有许多样本被同时冷冻保存时。冷冻过程会导致 CPA 溶液中水和溶质的分离。因此,冷冻保存溶液的冷冻特性将随着随后的冻融循环的增加而改变。因此每次冷冻循环后应更换对照样本中的冷冻保护液。

冷冻腔室的温度和样本的温度变化将用于程序降温方案的制定和优化,此数据应作为该细胞产品的生产记录的一部分进行保留。对于被动冻结方案,温度监测和数据记录对于开发可重复的被动冻结方案至关重要。与程序降温冷冻方案一样,被动降温方案中的温度-时间函数也应作为产品生产记录的一部分进行保留。

4.7　科学原理

· 所谓的降温速率(cooling rate)指的是,在温度从略高于成核温度到$-60\ ℃$的范围内的降温速率,这个速率是影响解冻后细胞活力的重要因素。

- 冷冻保护液的成分变化也会改变细胞对应的最佳降温速率。
- 细胞外溶液的冻结温度（成核温度 T_{nuc}）会影响细胞对外界环境的反应。对于给定的降温速率，T_{nuc} 越低，对应的细胞存活率越低。

4.8　将科学原理融入实践

- 程序降温仪可以实现对冷冻过程的更多控制，其程序化降温方案由一系列步骤组成，可以通过合理的设计来达到最优的解冻后细胞活力。
- 被动冷冻方案可用于对过冷不敏感的细胞类型和最佳降温速率范围较小的细胞（因为被动冷冻可控制的降温速率的范围比较小）。
- 样本的玻璃化通常需要将样本置于 LN_2 中，受传热限制，该方法通常针对小体积样本。
- 搭建独立的温度测量和记录平台（通常是热电偶和数据记录仪）在开发或验证冷冻方案时非常关键（所有冻存方案都适用）。
- 目前商用的样本转移容器可用于将产品从冷冻装置转移到储存设备中，从而避免（或减少）样本的瞬时回温。

参考文献

Asghar，W.，R. El Assal，H. Shafiee，R. M. Anchan，and U. Demirci. 2014. "Preserving human cells for regenerative, reproductive, and transfusion medicine." *Biotechnol J* 9(7)：895-903.

Hobbs，P. V. 1974. "Nucleation of ice." In *Ice Physics*，edited by P. V. Hobb，461-523. Oxford，England：Oxford University Press.

Leibo，S. P.，and P. Mazur. 1971. "The role of cooling rates in low-temperature preservation." *Cryobiology* 8(5)：447-452.

Lopez，E.，K. Cipri，and V. Naso. 2012. "Technologies for cryopreservation：overview and innovation." In *Current Frontiers in Cryobiology*，edited by I. Katkov，527-546. Rijeka，Croatia：Intech.

Mazur，P. 1963. "Kinetics of water loss from cells at subzero temperature and the likelihood of intracellular freezing." *J Gen Physiol* 47：347-369.

Mazur，P. 2004. "Principles of cryobiology." In *Life in the Frozen State*，edited by B. J. Fuller，N. Lane，and E. Benson，3-66. Boca Raton，FL：CRC Press.

Mazur，P.，S. P. Leibo，J. Farrant，E. H. Y. Chu，M. G. Hanna，and L. H. Smith. 1970. "Interactions of cooling rate，warming rate and protective additives on the survival of frozen mammalian cells." In *The Frozen Cell*，edited by G. E. W. Wolstenholme and M. O' Connor，69-88. London，UK：J&A Churchill.

Toner，M. 1993. "Nucleation of ice crystals inside biological cells." In*Advances in Low Temperature Biology*, edited by P. Steponkus，1-51. London，UK：JAI Press.

Toner，M. ，E. G. Cravalho，and M. Karel. 1990. "Thermodynamics and kinetics of intracellular ice formation during freezing of biological cells."*J Appl Phys* 67(3)：1582-1593.

第 5 章　冷冻细胞的储存和运输

5.1　选择储存温度的科学原理

选择冷冻细胞的储存温度是基于科学原理的,了解这些原理将有助于我们正确选择这一温度。如前所述,细胞低温保存的目的是防止其关键生物学特性的退化,利用低温来阻止生物系统的降解,这即是低温保存背后的科学原理:调控水分子及其活性、存在于细胞中的降解分子的活性。下面是这些分子在低温下的物理行为的简要概述。更多细节可以在 Hubel,Spindler 和 Skubitz(2014)中找到。

如第 3 章所述,冷冻保护液通常包含:母液、CPA 和蛋白质来源(可选),与纯水相比,这些溶液可以在一定温度范围内结冰。当样本冷却时,在细胞外的空间首先形成冰晶,水分子以冰的形式"脱离"细胞外溶液(图 4.4),剩余的未冻结溶液发生浓缩。随着冻结的进行,水继续以冰的形式被除去,剩下的未冻结的溶液变得更加浓缩,直到样本形成共晶或玻璃态,样本才完全凝固。共晶点是溶液的固相线和液相线的交汇点。玻璃态是一种非晶态固体,在低于玻璃化转变温度 T_g 下可以观察到。

对于简单的 $NaCl\text{-}H_2O$ 的二元溶液,样本降温过程中会存在冰晶和未冻结溶液,直到样本达到 $-21.2\,℃$ 的共晶温度。对于保存在含有 CPA 溶液中的细胞,广泛使用以下经验方程来估计多组分混合溶液的玻璃化转变温度 T_g:

$$T_g(\text{mixtures}) = T_{g1} \cdot (1-x) + T_{g2} \cdot x + k \cdot x \cdot (1-x)$$

公式中 $T_{gi}(i=1,2)$,x,k 分别为各组分的玻璃化转变温度、各组分的质量百分比和相互作用系数。10%(W/W)DMSO 溶液的玻璃化转变温度为 $-132.58\,℃$(Murthy,1998)。

当溶液的温度低于玻璃化转变温度时,黏度增加到 10^{13} Pa·s(Angell,2002),因此水分子的流动性降低。所以细胞应储存在样本已经完全固化或玻璃化的温度下,这样样本中的水分子运动性极大降低,不能参与降解过程。

所有细胞都会分泌降解分子,参与细胞正常的生物反应以及细胞降解。这些分子(通常是蛋白质)的活性是温度的函数(McCammon,Harvey,1988)。温度降低导致蛋白质的运动和活性降低,因此温度降低导致的蛋白质活性下降是细胞能在低温(所谓的 cryogenic temperature)下稳定储存的内在机制。蛋白质的活性遵循 Arrhenius 方程(Arrhenius,1889),涉及的蛋白质的化学反应的速率常数 R 依赖于绝对温度 T:

$$R = A \cdot e^{-E_a/(R_u \cdot T)}$$

其中 A 为前指数因子,E_a 为活化能,R_u 为通用气体常数。这个关系表明,反应速率常数 R 随着温度的降低呈指数递减。

因此,为了有效阻止细胞在低温下进一步降解,细胞应储存在蛋白质不再活跃的温度下。细胞中有成千上万种蛋白质,显然测量所有蛋白质的活性随温度的变化是不现实的。目前对蛋白质在低温下行为的研究有限,这些研究有助于合理选择蛋白质活性被抑制的储存温度。

几十年前,有研究在 -53 ℃ 附近观察到多种蛋白质动力学特性的明显变化(Bauminger et al.,1983;Doster et al.,1989;Hartmann et al.,1982;Loncharich,Brooks,1990)。当时的传统观点是,在 -53 ℃ 以下的温度下储存足以抑制蛋白质的活性。然而最近的研究证实了在远低于 -53 ℃ 的温度下蛋白质也可以具有一定的活性。

Rasmussen 和他的同事在 1992 年观察到核糖核酸酶 A(RNA A)在 -58 ℃ 下的活性。Tilton Jr.,Dewan 和 Petsko 在 1992 年观察到低至 -93 ℃ 时 RNA A 活性的变化。More 和他的同事观察到 β-葡萄糖苷酶在 -70 ℃ 温度下的活性(More et al.,1995)。这些研究表明,对于有限数量的蛋白质,其活性可能在非常低的温度下(低于 -80 ℃)持续存在,因此,当前的细胞储存是在一个更低的温度下(LN_2)的。

玻璃化样本的其他注意事项

玻璃化样本的稳定性是一个很重要的问题,但关于这一问题的科学报道有限。如第 4 章所述,在玻璃化样本冷却到接近 T_g 的温度时可能观察到裂纹的形成,并且裂纹形成的风险随着温度的降低而增加。因此玻璃化样本通常储存在液氮(LN_2)的气相中,其温度高于液氮(-196 ℃),但略低于 T_g。为数不多的研究建议在 T_g 以下 13~14 ℃ 进行细胞的长期储存(Fahy,Wowk,2015)。值得注意的是,Mehl 观察到防止玻璃化样本大面积反玻璃化所要求的临界复温速率(Critical Warming Rate,CWR)随着储存时间的延长而急剧增加(Mehl,1993)。而其他研究已经证明,红细胞在含有 40% 甘油的溶液中,-80 ℃ 下储存的稳定性可达 37 年(Valeri et al.,2000)。细胞的储存温度以及玻璃化样本随着储存时间延长发生的变化是玻璃化保存的重要问题,进一步的研究可能有助于指导玻璃化保存方案的制定和使用。

本节旨在概述合理选择储存温度的方法。截至目前已经进行了各种研究来测试冷冻保存/玻璃化细胞和组织在不同储存时间与储存温度下的稳定性（Fahy，Wowk，2015；Hubel et al.，2014）。

5.2　标准、指南和最佳操作(best practices)

大规模、标准化的细胞储存是在生物样本库中进行的，样本库由很多部分组成：从实验室中的单个小型的储存杜瓦瓶到包含大型储存杜瓦瓶的独立样本库，其中还包含大量 LN_2 储存罐和监控/报警系统。对于冷冻保存样本库的设计和操作有专门的指南，美国组织库协会、美国血液库协会（American Association of Blood Banks，AABB）、细胞治疗认证基金会（FACT）与国际生物和环境样本库协会（IS-BER）都有运行样本库的指南和最佳操作。ISBER 和 FACT 的最佳操作和指南有助于构建样本库及规范化操作（FACT，2015；ISBER，2012）。然而，仅仅遵循最佳实践是不够的。从质量的角度来看，有些过程即使符合规则要求但不一定是成功的。因此结合操作指南和上述科学原理进行合理优化与设计的样本库才能产生最佳结果，将科学原理与最佳实践相结合的建议将穿插在本章中。

5.2.1　机构

样本库应有足够的暖气和空调设备以维持设施内的合理温度。如果使用机械制冷机来储存样本，则需要保障环境中足够的空调制冷量，因为这些设备会产生大量的热量。一般来说，温度高于 22 ℃ 是不允许的。

应保证足够的空气循环防止湿度过高和冷凝，空气过滤器应定期清洗或更换。过高的湿度会导致真菌的生长，这对工作人员和被储存的样本都有危害。机械制冷机与墙壁必须保持适当的距离，以促进空气循环，防止多余的热量积聚（减少压缩机寿命）。使用干冰或 LN_2 制冷的设施应保障足够的通风和监控，以确保为人员提供足够的氧气。应该控制对样本库的访问，储存杜瓦瓶通常被锁上或放置在一个上锁的房间里，从而限制未被授权的访问。从另一个角度看，限制访问样本库的频率可以减少样本经历的温度漂移，并要求任何进出样本库的人接受样本存取的专业培训。高值样本（如临床样本）的储存可能需要一个专用的安全系统来保护和监控样本库，可能包括钥匙卡访问或视频监控。

所有样本库都应该设计应急或灾难预案，天气和人为灾害会影响样本库的正常运行。灾难预案的核心要素包括人员设置、职责分工以及他们的联系方式。这些预案还应该包括在指定的人无法胜任某项职责时的备用方案说明。技术支持

（如设备供应商或维修技术人员）的联系信息应该方便获取。

对于储存关键样本的样本库，应急预案还应该包括将样本和数据分布到多个点进行储存。例如备份的样本和数据可以储存在另一个位置。在断电的情况下，样本库应该有备用电源或 LN_2 储备。通常情况下样本库会在极端天气之前将大型补给液氮罐填满，或者为备用发电装置准备额外燃料。

生物样本库正面临着越来越多的挑战，运营过程中需要扩大应急预案的范围和可靠性。对应急预案的完整描述超出了本章的范围，可以参考或咨询其他权威的资料和机构，如 ISBER 最佳实践（Campbell et al.，2012）以及 FACT 或美国病理学家学会等认证组织，应参考这些资源对应急预案进行合理规划。

5.2.2　储存设备与环境

低温保存的细胞通常储存在专门设计的液氮储存单元中，称为杜瓦瓶（dewars）或冰柜（freezers）。这些单元内部通常包含架子，用于装载含有冻存袋的铝盒（见第 3 章）、装载有冻存管的冻存盒或装载麦管的罐子。这些装置有不同的容量规格，可以由独立的 LN_2 供应罐或由中央液氮罐提供液氮补给。

储存杜瓦瓶可以将样本储存在液氮的液相或气相中。保存在液相中的样本应使用外包装包裹起来以防止 LN_2 渗入冷冻容器内。目前首选的样本储存方法是 LN_2 的气相储存，它有几个优点：防止储存样本的交叉污染（Tedder et al.，1995）；防止 LN_2 进入容器内，这可能导致容器在复温时发生问题（冻存管或冻存袋内若存在液氮会在复温时体积膨胀 700～800 倍，损坏容器，损毁样本）。

样本库中可能存在以下几种不同类型的杜瓦瓶。对于已接收但尚未完成传染性/外来因子检测或感染检测呈阳性的样本，需要使用隔离杜瓦瓶（过渡）。测试完成后，样本可从隔离杜瓦瓶移至工作杜瓦瓶或长期储存杜瓦瓶。工作杜瓦瓶（短期储存）可用于相对较短时间（几周到几个月）的样本储存，会定期进行细胞存取。而需要长时间保存的样本可以放置在不经常使用的长期杜瓦瓶（长期储存）中。根据杜瓦瓶的名称（隔离、工作和长期储存）分类使用有助于保持所储存样本的稳定性。降低样本稳定性的因素将在下面讨论。

样本库还应确保足够的 LN_2 供应。储存杜瓦瓶在正常使用情况下应至少包含 3 天及以上的 LN_2 量，杜瓦瓶中的液氮水平以及补给罐中的液氮水平应至少每周检查一次，对于关键样本更应频繁地检查。给储存杜瓦瓶配备电子监测装置是减少人工和提高稳定性的常见方法，可以实时监测 LN_2 的存量水平。

在某些情况下可以在冰柜中储存细胞。一级压缩机制冷的冰柜通常在 $-80\,^{\circ}\mathrm{C}$ 下工作。用甘油（40%）冷冻保存的红细胞可以在 $-80\,^{\circ}\mathrm{C}$ 的冰柜中保存 10 年。两级压缩的冰柜通常在 $-150\,^{\circ}\mathrm{C}$ 下工作，在某些情况下有核细胞可以在这种温度下的冰柜中储存。与液氮储存一样,在冰柜中储存样本应准备应急预案。需要准备备用电源来应对突然的断电。许多机械制冷冰柜可能有备用的制冷系统,在长时间断电的情况下,使用干冰或液氮来保持冷却。因此,备用系统中使用的物料应在任何时候都能保障充足供应。

所有样本库都应制订关键设备的预防性维护和维修计划,维护应按照制造商的建议开展。还应定期进行校准,特别是对于 LN_2 储存单元和冰柜中的温度监测装置。设备在初次使用前或设备修理后应验证其功能是否正常。日常维护还包括对储存单元的清洗/净化以及冰柜的除霜。清洁液的选择应谨慎,保证对真菌或其他污染物的清理效果的同时,防止损坏被清洁的表面。同样,除冰应在不损坏设备表面的情况下进行。

所有的设备最终都会磨损,低温环境对电子元件(最常见的是监控和报警系统)尤其不利,因此更换或修理关键部件的计划应该纳入预防性维护计划之中。在购买新设备时,还应考虑设备的使用寿命。

当设备突然发生故障时,使用应急设备来临时储存样本十分重要。因此建议备用储存容量应该等于最大的单个储存单元的容量,并预留备用。确定备份容量大小的保守方法是设置现有样本库容量的 10% 备用。这种方法需要相当大的投资,需要基于被储存的样本的价值和储存的潜在风险来进行考量。仓库管理也应该有一个书面程序,用于从发生故障的装置中转移样本,并规定如何在修复或更换后返回样本。如前所述,为了防止设备故障或灾难造成样本损失,关键样本可能会被分开并储存在不同的位置。

5.2.3　储存单元内部的温度描绘与警报设置

虽然储存单元内部的温度在空间范围内有变化,但大多数储存单元只有一个温度探头用于监测单元内的温度,并且该探头处于固定位置。了解储存单元内部的温度分布很重要,这些信息可以用来决定样本应该储存在哪个区域。例如,为了获得最大的稳定性,要求保存温度低于 −150 ℃ 的样本(细胞治疗产品)只储存在杜瓦瓶内可以保持该温度的区域。

储存单元内部空间的温度描绘也可用于设置报警阈值,由此杜瓦瓶可以设置最低和最高 LN_2 液面警报,或最高和最低温度警报。同时,该温度描绘将能够根据样本所需的储存温度来选择温度阈值的上限或下限。很显然,杜瓦瓶顶部的温度高于底部的温度,所以杜瓦瓶的温度上限可以设置为:在杜瓦瓶顶部的储存温度不低于 −150 ℃(这样可以基本保证整个杜瓦瓶的温度都维持在 −150 ℃ 以下)。

5.3 监测系统

低温本身是一个不利的环境,尤其是对电子产品。因此可能需要定期更换低温环境工作的电路板或电子元件。由于监测系统的敏感性以及故障的可能性,通常的做法是建立第二个独立的监测系统。例如,通常需要定期手动测量 LN_2 水平,并将其与控制面板上的测量结果进行比较。如上所述,大多数杜瓦瓶包括一个固定位置的温度测量探头,该温度探头将连接到报警器,如果达到高温阈值,报警器将报警。对于高价值的储存样本,杜瓦瓶内通常会设置第二个独立的温度传感器并连接到中央报警系统。如果其中一个温度探头(或监测系统)发生故障,则另一个温度探头还可以提供监测。

与杜瓦瓶一样,用于储存的冰柜也会在储存区域内安装温度探头,可以设置温度限制并连接到报警系统。同样推荐使用第二个独立温度探头进行温度监控,保障稳定性。另一种方法是监测制冷压缩机的电压使用情况。

5.4 安全提示

在样本库中工作意味着要接触低温环境,皮肤与低温液体或冷却到低温的金属物体接触会导致接触性灼伤,如果接触时间足够长,会导致冻伤。液氮具有低黏度,因此可以比水更快地渗透多孔或编织的衣服。

使用低温设备时的安全规范包括:① 制订安全和培训计划,最大限度地减少接触;② 穿戴合适的衣物(不吸水的手套、护眼/面部设备、合适的鞋子);③ 与团队成员合作,而不是单独工作;④ 工作人员在使用低温流体时告知其他工作人员。

如前所述,低温液体的汽化可以取代环境中的氧气并导致窒息,在正常大气条件下可以容忍的最低氧气浓度是13%。应配备氧气传感器(便携式或固定式),通风系统应保障每分钟1~2次换气。如果空间有限或正在处理的冷冻剂体积很大,可能建议使用人员配备便携式呼吸器。

低体温损伤是样本库操作的第三个基本的危险因素。在低体温环境下操作可能会导致身体暴露在寒冷环境中,以至于无法维持正常体温。体温过低会影响判断力和反应时间。在大型冷藏库工作的人员可能需要额外的衣服。此外,建议限制暴露时间并轮换人员工作。

上述描述只是对与低温工作环境相关的常见安全问题的简要概述。一个复杂的大型样本面临的问题包括氧富集(从空气中冷凝氧气)和与过压相关的安全问题。关于低温环境安全的附加指南可以从专业协会获得,如美国低温学会(Cryogenic Society of America）。

5.5　库存管理系统

样本库应该包括一个库存管理系统,确定样本的身份和位置对下游使用至关重要。其他信息可以链接到样本标识符,如样本处理记录(细胞类型、细胞计数、冷冻保存方法)、患者医疗记录、同意书(人类生物标本)等。

库存系统允许样本放置在样本库内。储存杜瓦瓶内可能包含数千个样本,精确的位置定位可以帮助操作人员快速提取样本,从而最大限度地减少对其他"无辜"样本(即靠近被提取样本的样本)的损害。

5.6　储存稳定性

如前所述,储存温度的选择是为了抑制样本中水和降解分子的流动性/活性。如果所有的降解过程都被抑制,在这些条件下储存的样本从理论上说应该具有无限的保质期。但现实情况是即使在适当的温度下储存,也有各种因素影响样本的稳定性。

5.6.1　温度波动

样本低温保存便于它们的后续应用,因此需要频繁地对样本库进行样本的存取。对于没有机器人自动检索、取样的样本库,样本的检索通常需要打开样本库并找出目标样本所在的架子。每个架子又包含多个样本。如果样本是冻存管保存的,冻存管通常装在冻存盒内,而架子通常包含多个冻存盒。取出目标冻存管需要取出一个架子连带着许多冻存盒和冻存管都要被取出来(导致"无辜样本"温度波动)。

从杜瓦瓶中取出的样本放置在 LN_2 预冷的转移容器中,这一过程冻存管将会经历一个快速的温度上升期,然后是缓慢的温度下降(图 5.1)。在被取出的冻存管周围的同一盒子里的冻存管也会经历温度的上升和下降(温度变化幅度相对较小)。从样本库中取出的样本,会在找出目标样本后放回,这些样本被称为"无辜样本",每次取出架子时,它们都要经历一次温度变化循环。

由于样本库可能会定期(甚至每天)存取样本,样本库中未使用的样本经历上述的温度循环可能导致样本随着时间的推移而退化。目前有少量的研究量化了这种类型热循环对解冻后细胞样本恢复的影响。对外周血单核细胞和脐带血(UCB)的研究发现,温度升高会增加解冻后凋亡的细胞比例(Cosentino et al.,2007;

Hubel et al.，2015)，并表明这一过程(热循环)对细胞造成的损害是通过细胞凋亡途径表现出来的。

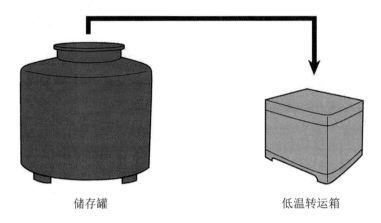

储存罐　　　　　　　　低温转运箱

(a) 样品从储存杜瓦瓶转移到转运容器示意图

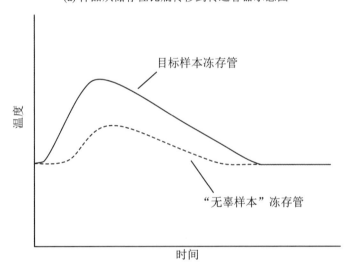

目标样本冻存管

温度

"无辜样本"冻存管

时间

(b) 从存储单元取出并放置在转运容器中的冻存管(目标样本)的温度偏
移(实线)，以及同时取出的冻存管("无辜样本")的温度偏移 (虚线)

图 5.1

有多种方法可用于减少由热循环引起的样本降解。首先,应该限制对样本库的访问次数。对样本的存取应尽量集中在一起。其次,访问样本库的个人应该接受专业培训,并尽量在操作过程中避免"无辜样本"的温度波动。最后,将杜瓦瓶分类成工作杜瓦瓶和长期杜瓦瓶:短期内会使用的样本应放置在工作杜瓦瓶中,而可能长期不会使用的样本应放置在长期杜瓦瓶中。近年来,自动检索存取系统已经开发出来,这类系统旨在减少样本存取过程中的温度漂移。

5.6.2　环境电离辐射

随着时间推移,低温保存中的细胞对环境电离辐射很敏感,尤其是长期保存的细胞,损伤可能会累积。电离辐射对长期冷冻细胞稳定性的影响自 20 世纪 50 年代中期以来就被发现。最近有研究对受不同剂量辐射的冷冻储存 UCB 进行了测试,观察到菌落形成单位(CFU)的频率随着辐射剂量的增加而明显减少(Harris et al.,2010)。与温度波动一样,电离辐射对细胞造成的损伤可以通过解冻后凋亡细胞的增加来检测(Cugia et al.,2011)。

5.6.3　样本的保质期

在细胞的长期低温储存中,对细胞保质期的说明通常很关键。特别是对用于治疗的细胞,监管机构(如 FDA)通常会规定有效期或保质期。目前已经确定了少量细胞类型冷冻保存的保质期,例如在 40% 浓度的甘油中,低温保存红细胞的保质期为 10 年。但也有研究表明储存长达 37 年的红细胞可以解冻并恢复(Valeri et al.,2000)。自 20 世纪 90 年代初以来,UCB 一直被收集和储存,人们对确定冷冻 UCB 的保质期非常感兴趣。体外研究表明,储存约 20 年的脐带血可以解冻培养形成诱导多能干细胞(Broxmeyer et al.,2011)。然而这些研究并没有证明这些细胞的临床效果,这才是这些细胞在长时间储存后仍然具有活力和功能的最有力证明。即使是不用于治疗,客户也倾向于使用没有长时间储存的细胞。

保质期的研究既昂贵又耗时,大量的样本需要在很长一段时间内保存、解冻和分析。进行这些研究的困难在于这些冷冻细胞产品之前还没有经历过相似的研究,并且已经公开的研究结果非常有限。

对于药品的保质期,目前已开发出研究方法来加速样本的降解,然后使用该数据来确定产品的保质期。人们一直在努力将药物开发的范例应用于细胞保存,但在这一点上目前还没有被广泛接受的方法来完成冷冻细胞的加速降解测试并以此来确定冻存细胞的保质期。

5.7　适合目的(fit-for-purpose)的低温保存

与低温保存的其他方面一样,保存操作必须与后续的应用场景相结合,需要考虑的关键参数包括储存时间和使用性质。如果样本的储存时间相对较短(几周到几个月),则控制储存温度(以及随时间或地点的变化)或访问样本库的频率的需求不高。如果储存的样本价值高,那么监测储存温度及其变化是至关重要的,同时还要限制样本库的访问次数,这可以通过将样本储存在不定期访问的长期储存杜瓦瓶中来实现。以上建议是基于低温保存的科学原理,即储存温度及其随时间的变化会影响样本的稳定性。

5.8　长期储存的风险管理

细胞的收集、处理和保存本身是一种重大投资。某些冷冻保存的细胞(如UCB、细胞治疗产品)具有不可替代性或替代成本很高,因此高价值细胞产品的储存还应包括风险管理计划。可能存在的风险有多种(如恶劣天气、火灾、恐怖袭击、公用设施故障等),风险管理计划应该包含几个核心要素。这里的许多要素与传统样本库的需求重叠,包括以下内容:
- 两套独立的鉴定样本的方法;
- 备份储存信息的服务器;
- 关键样本的分离;
- 应急预案及定期检查;
- 备用储存容量;
- 备用电源/LN_2;
- 工人安全:氧含量测量,安全计划;
- 储存单元温度监控/报警系统。

5.9　细胞的运输(shipping)和转移(transport)

冷冻保存的细胞通常在收集、处理、储存和使用地点之间转移,并且有可能需要跨越国界。美国的国家骨髓捐赠计划在德国、以色列、挪威、波兰、瑞典和英国都设有国际收集点,因此在一个国家捐赠的造血干细胞可能会被运送到另一个国家给最匹配的接受者。

在运输或转移过程中必须维持细胞的关键生物学特性。"transport"和"shipping"两个名词之间存在微妙但关键的区别。transport(转移)被定义为产品在机构内部或机构之间的移动,在此期间细胞产品不会离开发送或接收机构专业人员的控制。

相对而言,shipping(运输)是指由第三方在机构内部或机构之间运输产品,此时第三方不是发送或接收机构受过高度训练的人员。例如,通过商业快递/物流服务运输冷冻保存的细胞被认为是shipping(运输)。

5.9.1 细胞运输的一般性考虑

对运输样本的分类是确定样本监管要求的第一步。冷冻细胞可能被归类为危险品,因此,处理这些货物的人员必须经过特殊培训。

第二步是确定运输温度。一般来说低温保存的细胞在液氮温度下保存,使用液氮干燥运输箱运输。AABB、美国药典(USP)和 FACT 制定了运输的温度标准:对于非治疗用途的细胞或细胞系在运输过程中应该监控使其温度不超过 $-130\,^{\circ}\!C$;而用于治疗的细胞产品在运输过程中温度不应超过 $-150\,^{\circ}\!C$(USP,2014)。

运输样本的数量也应明确,因为这将影响包装类型、所需制冷剂的数量和运输箱的大小。运输箱的尺寸可能是一个重要的限制,由此可能会迫使样本分成较小的体积和包装。

所有运输程序和政策的设计应既要保护样本的质量/完整性,又要保护参与运输过程的所有人员的健康和安全。本章前面已经描述了一般的安全注意事项。

运输方案的制定通常需要验证,来证明运输过程不会影响细胞的复苏效果。当运输过程偏离了既定的方案和时间时,验证过程也可以提供有用的指导。例如,天气可能会延迟样本的到达,而验证过程可以用来在样本被认为受损之前制定一个可接受的运输时间窗口。

验证过程可以通过运输测试样本完成,检验在特殊情况下(超出预期的正常时间范围,极端环境如夏季高温和冬季低温)冷链维持所需温度范围的能力。可以测量的其他因素包括:① 运输箱在装运前后的重量变化,作为衡量 LN_2 消耗的标准;② 运输单元对运输过程产生的物理应力的抵抗力。大多数验证过程不涉及实际细胞产品的运输。一种选择是运输冷冻保存的易于获得或测定的细胞系或细胞类型,以确定运输过程对细胞活力的影响。

样本的运输必须符合所有的管理规定。当通过航空运输时,货物必须符合联邦航空、国际民用航空组织(ICAO),以及国际民航组织国际航空运输协会标准(IATA)的规定。ICAO 是联合国的一个机构,为国际民用航空制定标准和规定。相比之下,IATA 是一个制定危险品航空运输法规的行业协会。

地面运输应符合国家有关标准。在美国,这些货物必须符合农业部的规定交通(DOT)标准。包装还应符合检疫、生物安全和生物安保方面的其他法规要求。

5.9.2 液氮干燥运输箱

低温保存的细胞通常用气相液氮运输箱(也称为干式运输箱)运输,旨在保持冷冻样本的低温。干式运输箱由一个传统的低温容器组成,该容器包含有一种能够吸收液氮的多孔材料。产品包含在多孔材料内部的空腔中。使用能够吸收 LN_2

的材料消除了与 LN$_2$ 直接接触的风险。干式运输箱有几种设计,不同的设计将有不同温度稳定时间(通常在 5～20 天之间)。运输箱还应在保证预计到达时间后额外保持一段时间低温(通常超过 48 小时)。缓冲时间内保障样本低温可以防止运输过程的延迟或产品在接收地点的短暂储存。

　　干式运输箱的稳定性受到装置方向的剧烈影响。在运输过程中保持直立的运输箱比在其侧面倾斜的运输箱具有更大的温度稳定性。制造商对运输箱温度稳定性的测试是基于在直立情况下的。一种常见的保持运输箱直立的方法是把运输箱置于一个外部容器内。外部容器还可以包含衬垫,这样可以减少内部运输箱的振动,并在内部容器有任何泄漏时充当第二道防线。授权的机构必须要同时运输干式运输箱和外面的二级容器。运输单元在运输过程中会受到明显的振动和机械应力,应定期检查其正常功能并定期更换。在每次装运前,应检查运输箱保持低温的能力;在 24 小时内运输箱的重量损失足以计算其保持低温的能力和评估是否适合本次运输。

1. 运输箱的温度测绘

　　与储存单元一样,运输箱内部的温度分布图应该被测绘,并且该测绘应该用于确定样本在储存箱内的位置和样本的储存时间。

2. 运输样本的包装

　　样本的包装应该能够承受压力变化、冲击、振动、温度变化、刺破和其他运输过程中的常见情况,运输箱和二次容器被认为是样本包装系统的一部分。样本的内部包装通常包括一个密封的二级容器,以防止在运输过程中主容器被破坏时泄漏。此外,内部包装用于将样本放置在制冷剂或冷却表面之间(相对于制冷剂的顶部或底部),并垫好样本以防止样本在运输容器内运动。

5.9.3　运输过程的监控

　　由于温度是一个关键参数,数据记录仪可用于监测运输过程中的温度。不同型号的记录仪可用于测量内部运输箱温度的某些单元和其他能够测量环境温度与内部运输箱温度的单元。温度记录可以与运输记录相结合,以表明在接收设施中是否打开容器以检索样本,或者在运输过程中是否对容器进行了篡改。运输过程中的温度记录可以下载并作为样本记录的一部分。

1. 职责

　　样本运输通常涉及三方:发出方、运输方和接收方。合理的运输程序需要所有三方的参与,从样本离开发出地到样本被接收方收到。

2. 发出方负责的事项

　　• 运输要求、样本涉及的危害和处理方法;

- 将样本分类为有害或无害；
- 选择有资质的运输方；
- 样本的合理包装和标签；
- 在外容器上贴上标签以识别样本，并注明具体的运输说明；
- 与运输方和接收方协调运输；
- 准备所需文件（包括海关表格）；
- 出货前查验样本身份；
- 审核最终的样本记录，确认样本适合运输；
- 检查确认干式运输箱，确保运输箱维持温度的能力；
- 根据制造商的说明准备干式运输箱；
- 制定样本在发生事故时的应急程序。

3. 运输方负责的事项

- 确保运输程序符合相关法规（即航空公司法规和安全程序，或海关程序）；
- 收货后检查包裹和文件，以确定包裹是否妥善分类和准备装运；
- 在运输过程中正确处理包装（即正确放置运输箱，减少冲击、振动等）；
- 将包裹和相关文件交付给收件人；
- 通知收件人预定的货物到达日期和时间；
- 对于危险产品提供 24 小时联系方式。

4. 接收方负责的事项

- 收到货物后，记录货物状况；
- 向快递员报告状况问题（如有）；
- 确保货物有适当的储存条件；
- 及时将运输箱返回发出方；
- 确认收到货物；
- 记录上面列出的所有步骤。

5.10   样本注释

已储存和装运的样本应在样本处理记录中添加具体信息。应指定温度和储存时间。如果样本已装运并记录了数据，则样本的温度历史和装运时间也应在样本记录中注明。

5.11   科学原理

- 所有样本应保存在某个温度，在这个温度下样本中的所有水都被固定（冷冻或玻璃化),低于这个温度时样本中的降解分子失去活性。

· 温度波动会缩短样本的保质期。

5.12 将科学原理融入实践

· 储存过程应反映细胞后续的使用目的以及期望的储存时间;
· 细胞储存的最佳温度是低于-130 ℃(细胞治疗产品低于-150 ℃);
· 储存单元内部应该进行温度测绘,样本应储存在单元内可以维持所需温度的区域;
· 玻璃化样本应在接近 T_g 的温度下保存,储存稳定性仍然是玻璃化保存的问题之一;
· 储存杜瓦瓶内部情况的监控系统十分重要,同时可以体现出样本的珍贵性;
· 所有人员都应接受有关危险的培训,样本库应有合理的操作规程和安全设备;
· 样本库必须配备库存管理系统,以便能够访问和存取储存中的样本;
· 样本运输需要发出方、运输方和接收方之间的合作和沟通;
· 运输方案需要进行校验;
· 运输程序应保障样本质量和所有参与运输人员的安全;
· 建议在运输过程中使用温度监控。

参考文献

Angell, C. A. 2002. "Liquid fragility and the glass transition in water and aqueous solutions." *Chem Rev* 102(8):2627-2650.

Arrhenius, S. 1889. "On the reaction rate of the inversion of non-refined sugar upon souring." *Z Phys Chem* 4:226-248.

Bauminger, E. R., S. G. Cohen, I. Nowik, S. Ofer, and J. Yariv. 1983. "Dynamics of heme iron in crystals of metmyoglobin and deoxymyoglobin." *Proc Natl Acad Sci* 80(3):736-740.

Broxmeyer, H. E., M. R. Lee, G. Hangoc, S. Cooper, N. Prasain, Y. J. Kim, C. Mallett, Z. Ye, S. Witting, K. Cornetta, L. Cheng, and M. C. Yoder. 2011. "Hematopoietic stem/progenitor cells, generation of induced pluripotent stem cells, and isolation of endothelial progenitors from 21- to 23.5-year cryopreserved cord blood." *Blood* 117(18): 4773-4777.

Campbell, L. D., F. Betsou, D. L. Garcia, J. G. Giri, K. E. Pitt, R. S. Pugh, K. C. Sexton, A. P. Skubitz, and S. B. Somiari. 2012. "Development of the ISBER best practices for repositories: collection, storage, retrieval and distribution of biological materials for research." *Biopreserv Biobank* 10(2):232-233.

Cosentino, M., W. Corwin, J. G. Baust, N. Diaz-Mayoral, H. Cooley, W. Shao, R. Van Buskirk, and J. G. Baust. 2007. "Preliminary report: evaluation of storage conditions and cryococktails during peripheral blood mononuclear cell cryopreservation." *Cell Preserv Technol* 4:189-204.

Cugia, G., F. Centis, G. Del Zotto, A. Lucarini, E. Argazzi, G. Zini, M. Valentini, M. Bono, F. Picardi, S. Stramigioli, W. Cesarini, and L. Zamai. 2011. "High survival of frozen cells irradiated with gamma radiation." *Radiat Prot Dosimetry* 143(2-4):237-240.

Doster, W., S. Cusack, and W. Petry. 1989. "Dynamical transition of myoglobin revealed by inelastic neutron scattering." *Nature* 337(6209):754-756.

FACT. 2015. Common Standards for Cellular Therapies. Lincoln, NE: FACT.

Fahy, G. M., and B. Wowk. 2015. "Principles of cryopreservation by vitrification." *Methods Mol Biol* 1257:21-82.

Harris, D. T., J. Wang, X. He, S. C. Brett, M. E. Moore, and H. Brown. 2010. "Studies on practical issues for cord blood banking: effect of ionizing radiation and cryopreservation variables." *Open Stem Cell J* 2:37-44.

Hartmann, H., F. Parak, W. Steigemann, G. A. Petsko, D. Ringe Ponzi, and H. Frauen-felder. 1982. "Conformational substates in a protein: structure and dynamics of metmyo-globin at 80 K." *Proc Natl Acad Sci* 79(16):4967-4971.

Hubel, A., R. Spindler, and A. P. Skubitz. 2014. "Storage of human biospecimens: selection of the optimal storage temperature." *Biopreserv Biobank* 12(3):165-175.

Hubel, A., R. Spindler, J. M. Curtsinger, B. Lindgren, S. Wiederoder, and D. H. McKen-na. 2015. "Postthaw characterization of umbilical cord blood: markers of storage lesion." *Transfusion* 55(5):1033-1039.

ISBER. 2012. "2012 Best practices for repositories." *Biopreserv Biobank* 10(2):81-161.

Loncharich, R. J., and B. R. Brooks. 1990. "Temperature dependence of dynamics of hy-drated myoglobin: comparison of force field calculations with neutron scattering data." *J Mol Biol* 215(3):439-455.

McCammon, J. A., and S. C. Harvey. 1988. Dynamics of Proteins and Nucleic Acids. New York: Cambridge University Press.

Mehl, P. M. 1993. "Nucleation and crystal growth in a vitrification solution tested for organ cryopreservation by vitrification." *Cryobiology* 30(5):509-518.

Meryman, H. T. 1966. "Review of Biological Freezing." In Cryobiology, edited by H. T. Meryman, 1-114. New York: Academic Press.

More, N., R. M. Daniel, and H. H. Petach. 1995. "The effect of low temperatures on en-zyme activity." *Biochem J* 305:17-20.

Murthy, S. S. N. 1998. "Some insight into the physical basis of the cryoprotective action of dimethyl sulfoxide and ethylene glycol." *Cryobiology* 36(2):84-96.

Rasmussen, B. F., A. M. Stock, D. Ringe, and G. A. Petsko. 1992. "Crystalline ribonucle-ase A loses function below the dynamical transition at 220 K." *Nature* 357(6377):423-424.

Tedder, R. S., M. A. Zuckerman, A. H. Goldstone, A. E. Hawkins, A. Fielding, E. M. Briggs, D. Irwin, S. Blair, A. M. Gorman, K. G. Patterson, and et al. 1995. "Hepatitis B transmission from contaminated cryopreservation tank." *Lancet* 346(8968):137-140.

Tilton Jr., R. F., J. C. Dewan, and G. A. Petsko. 1992. "Effects of temperature on protein structure and dynamics: X-ray crystallographic studies of the protein ribonuclease-A at nine different temperatures from 98 to 320 K." *Biochemistry* 31(9):2469-2481.

USP. 2014. "US Pharmacopeia-National Formulary Standards for Biologics." In Cryopreserva-tion of Cells, vol. 1044, 1-31. Washington, DC: US Pharmacopeia.

Valeri, C. R., G. Ragno, L. E. Pivacek, G. P. Cassidy, R. Srey, M. Hansson-Wicher, and M. E. Leavy. 2000. "An experiment with glycerol-frozen red blood cells stored at −80 de-grees C for up to 37 years." *Vox Sang* 79(3):168-174.

第6章　解冻及后续操作

如前几章所述,冷冻保存的目的是保存细胞的关键生物学特性,直到确定其后续使用的时间和地点。从样本库中取出冷冻样本并将其用于后续应用需要解冻样本(也称为复温),因此解冻过程被定义为将样本从储存温度中取出并将其加热到后续使用所需的温度。

第4章介绍了冷冻过程对解冻后细胞活力的重要性,存在各种化学、机械和热学的因素会影响细胞活力。简而言之,由于水在冻结过程中以冰的形式被移除,细胞被"压迫"在相邻冰晶之间的未冻溶液中,因此受到高浓度溶液和机械应力的影响。温度降低会影响细胞功能(如新陈代谢、物质运输等),这些变化可能会导致细胞的死亡。然而冷冻过程中出现的这些化学、热学和机械应力的影响同样也会在解冻过程中出现。

最高细胞冷冻存活率所对应的复温速率是一个与 CPA 溶液成分和降温速率相关的函数(Mazur,2004)。这两个因素影响冰晶的数量和大小(包括细胞内部和外部),因此也会影响复温期间冰晶的成核和生长(Karlsson,2001)。

慢冻样本:对于大多数采用慢速冷冻法保存的细胞,为了减少复温时造成的损伤,解冻过程中需要相对高的解冻速率(大于 60 ℃/min)。

玻璃化样本:对于玻璃化保存的样本,冷却过程中会形成少量冰核,直到样本达到玻璃化转变温度 T_g。当温度升高时这些存在的冰核可以继续生长,而新的冰核也可以形成和生长。因此在玻璃化样本的升温过程中,冰核和晶体生长是一个重要问题。在升温过程中,冰晶的成核和生长被称为反玻璃化,这一过程会使样本变得不透明。玻璃化的样本通常是透明澄清的,而反玻璃化会导致样本产生"浑浊"。反玻璃化过程同样可以导致细胞外溶质浓度的变化,并将细胞"挤压"到相邻冰晶之间的间隙中,这一点与传统慢速冷冻过程相似,是我们不希望看到的。为了避免反玻璃化发生,解冻过程中避免冰成核和生长所需的复温速率通常比降温过程中使用的降温速率大两个数量级(Hopkins et al.,2012)。玻璃化溶液和降温速率的组合方案可以形成三种不同的玻璃化状态,分别是:稳定的、亚稳的或不稳定的玻璃态。

不稳定的玻璃态是在相对低浓度 CPA 保护剂下形成的。虽然从宏观角度不稳定的玻璃态没有看到肉眼可见的冰晶,但已证实其内部包含有非常小的冰核,这些冰核在复温期间会迅速生长;亚稳的玻璃态对应在较高的 CPA 溶液浓度下形成,这样的 CPA 组分和降温速率的组合可以实现大部分的玻璃化并且检测不到任何结晶现象,同时在足够高的复温速率下可以抑制反玻璃化。对于更高的 CPA 保护剂浓度,形成的是稳定的玻璃态,即使在缓慢的降温/复温速率下也不会观察到结晶或反玻璃化现象。因此,亚稳或不稳定的玻璃态的样本需要比稳定玻璃态更高的复温速率来抑制反玻璃化(Fahy et al., 1984)。

　　除了复温速率的要求很高,样本的复温过程还必须保证均匀性以减少热应力损伤,这类损伤可能导致样本产生断裂。当多细胞系统如组织或器官被玻璃化时,断裂的形成尤其具有破坏性。器官和组织的玻璃化是目前研究的热门领域,但还未在临床或商业上实现转化。

6.1 复温设备

温水浴:解冻冻存管或冻存袋最常用的设备是温水浴。样本可以从样本库或冷冻腔室中取出,浸入水浴中并旋转直到样本解冻。冻存管通常浸入瓶盖起始处以防止水浴锅内的水进入样本。商用的冻存管支架可以实现多个冻存管的同时解冻。用于样本解冻的温水浴温度通常设置为 37 ℃。

　　解冻完成后,应清洁冻存管或冻存袋的外表面。当后续应用时,通常使用酒精擦拭清洁外表面以减少污染的可能性。使用水浴解冻存在一定的局限性,在解冻过程中,操作者不同带来的结果差异可能会很显著。也有操作者在解冻过程中,将样本架放在水浴中并将若干冻存管简单放置在架子上进行复温,如果样本不进行搅动,样本的复温速率会降低。操作人员甚至可能继续从样本库中取出其他样本并将其解冻,从而导致样本的复温速率和处理时间的差异。另外,水浴复温的环境是开放的,这意味着该过程可能导致容器外表面被污染。尤其是细胞治疗类的产品如果采用这种方式复温,其污染的可能性尤其令人担忧。

　　可控解冻装置:前面罗列的水浴复温的局限性促使了替代的可控解冻装置(设备)的发展,目前已开发出用于各种形式冻存容器(冻存管或冻存袋)的解冻装置。这些设备使用电加热器模仿水浴复温过程来解冻样本。目前的解冻设备是在温水浴基础上提出的改进型的商用产品,随着时间的推移,这些设备很可能在未来会成为主要的解冻方法,特别是对于高价值样本。

解冻前的样本转运

　　虽然样本储存在样本库中,但大概率会在其他地点进行解冻并使用,例如在患者床边解冻造血干细胞并直接输注是临床上的常见操作。储存细胞的冻存管通常在生物安全柜附近解冻,以便将其转移到培养容器中。因此通常将样本从样本库中取出并运送到使用的地点进行解冻。

如第 4 章所述,将样本从一个地点运输到下一个地点需要使用适当的转运容器。如果样本储存在 LN_2 中,则转运容器在运输过程中应保持液氮温度。有商业上可用的运输设备能够保持适当的温度来运输样本。在干冰上运输样本意味着样本从 $-196\ ℃$ 被迅速加热至 $-80\ ℃$,然后保存在那里直到开始解冻,然而这种类型的温度偏移会影响解冻后的细胞恢复。

6.2   估计解冻速率

无论用什么方法解冻细胞,解冻过程都应该被定量表征。估计解冻速率的一种方法是将热电偶放置在包含要使用的 CPA 溶液的容器(例如麦管、冻存管、冻存袋)中,然后按照设定的方案(降温速率)降温到指定温度。然后将样本取出,放入水浴中,并记录温度随时间的变化。平均复温速率 B_w 可以近似地表示为

$$B_w = \frac{T_{final} - T_{initial}}{t_{final} - t_{initial}}$$

对于解冻的结束没有标准的定义,但通常是将样本解冻到视野中只剩下一小块冰晶,而其余样本都已经融化成液体时即视为复温结束,这种方法可以防止样本过热。如果我们将所有冰晶全部融化视为复温结束的标志,那么 t_{final} 将处于与融化潜热有关的温度平稳区的末端(图 6.1),该温度应该是溶液的融化温度。对于等渗盐溶液,融化温度(T_m)约为 $-0.5\ ℃$,10%二甲基亚砜(DMSO)溶液的融化温度约为 $-1.5\ ℃$。

如果解冻速率低于期望的阈值水平,则有两种基本策略来增加解冻速率(即增加传热速率):① 增加温差(例如,增加水浴锅的温度);② 通过在水浴锅中旋转(搅动)样本来增加传热效率。水浴锅温度可调至 $42\sim45\ ℃$。使用较高的水浴温度会给细胞带来过热损伤的风险,特别是如果使用 $45\ ℃$(过热损伤的温度阈值下限)的水浴温度。可以使用旋转或振动方式来增加容器表面的热量传递。

体积较大或较厚的样本将难快速加热。冻存袋冷冻的细胞通常是包装在金属盒内冷冻的,其目的是在冷冻过程中使样本的厚度均匀,从而产生更均匀的传热(冻结或复温)。用于冷冻保存的冻存袋通常规定了可以冷冻的最大液体体积,以便在盒子挤压后产生薄且均匀的厚度,这一均匀厚度有助于使冷冻时的冷冻和解冻时的传热更均匀。

一次解冻多个样本是十分常见的。如前所述,多个样本的解冻可能会导致样本之间复温速率的差异,同时也会导致解冻和后续处理所需时间的变化。解冻后

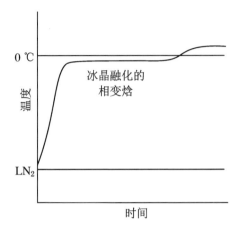

图 6.1 样本典型解冻曲线(初始复温速率将很高,复温速率将随着样本接近溶液的融化温度而减小。融化过程的潜热释放会产生一个温度"平原"。这个"平原"的持续时间与样本的体积以及传热效率有关。)

细胞对 DMSO 敏感性增强,细胞洗涤的延迟可能导致解冻后因为生化毒性而造成的细胞损失。

有时候会给冻存管和冻存袋增加外包装,以防止容器破裂时样本的损失或防止 LN$_2$ 流入样本。外包装的存在会降低样本的复温速率。因此,如果样本位于外包装内,应进行额外的复温速率的表征以确保复温速率足够高。

细胞治疗产品的解冻和输注

细胞治疗产品的解冻有一些特殊因素需要考虑。以下是对这些注意事项的简要概述。关于输注相关的不良反应的详细信息见 Haspel(2016)。

如果要输注多袋细胞产品,每袋应独立解冻和输注以监测与输注相关的不良反应。冻存袋通常被放在金属盒中,对冻存袋解冻之前要将其从金属盒中取出,取出时必须小心,因为袋子和随附的管子由于冷冻会变得很脆。粗暴的处理会导致袋子或管子开裂,因此可能会造成样本的损失。

冻存袋破损的风险导致了在解冻前将冻存袋包裹(外包装)起来的做法。虽然冻存袋的破损情况相对罕见(1%~4%的概率,取决于操作)(Khuu et al., 2002),但细胞治疗产品通常昂贵且不可替代。冻存袋或管道的破裂应该进行记录,并进行后续无菌检查或对患者进行预防性治疗。

解冻后的细胞产品应检查是否有结块或聚集,因为冷冻造成的细胞损失可导

致结块或聚集。标准的血液过滤器已被用来防止输液结块,并且补充输注 DNA
酶产品也被用来减少细胞结块或聚集。

6.3　解冻的安全性考虑

解冻过程对于储存不当的样本可能是危险的。如果样本在没有包裹的情况下
储存在 LN_2 的液相中,则可能有 LN_2 渗入冻存管内。复温过程中冻存管中的 LN_2
快速蒸发、膨胀,最终使管体破裂,造成安全隐患。因此可能含有 LN_2 的冻存管不
能使用,应该让它们在可以承受破裂的容器中解冻,最后妥善处理掉。

6.4　解冻后处理

如第 3 章所述,传统的冷冻保存溶液不是生理溶液。通常这些溶液在后续使
用细胞之前会被去除或稀释。解冻后处理还涉及解冻后评估与表征,这将在第 7
章中介绍。

6.4.1　解冻后洗涤

最常见的解冻后处理方法是在解冻后对细胞清洗。首先对细胞悬浮液离心,
去除上清,用洗涤液或培养基重新悬浮细胞,这是解冻后洗涤细胞最常用的方法。
为了将冷冻保护液的残留水平降低到规定浓度以下,可以重复此离心过程。洗涤
细胞目前常见是手动操作,但也能买到商用的自动洗涤细胞的离心机。

解冻后的手动洗涤方法是费时费力的,特别是对于冻存袋内的细胞,需要昂贵
的专业设备并且可能导致较高的细胞损失(Antonenas et al.,2002)。人们正在开
发新的方法来快速处理解冻后的细胞,一种用于细胞解冻后洗涤的装置已经商品
化,该装置由一个旋转膜组成,用于稀释后的细胞浓缩。其他用于解冻后洗涤的设
备正在开发中,包括中空纤维生物反应器(Zhou et al.,2011)、死端过滤装置
(Tostoes et al.,2016)、微流体装置(Hanna et al.,2012)等,这些设备旨在使洗涤
过程自动化,从而提高一致性并减少细胞损失。

6.4.2　稀释

通常对需要后续培养的细胞进行解冻后稀释。最常见的方法是将解冻的细胞
添加到培养基中,细胞培养约 24 小时,此时取出细胞并更换培养基,进一步稀释样
本中的冷冻保护液。解冻后立即对样本进行初步稀释,稀释的程度应该足够大以
保证细胞免受保护剂的毒性损伤(通常为 0.5% 的 DMSO 终浓度)。

6.4.3　解冻后细胞的即刻输注

在某些情况下(例如造血祖细胞移植),冷冻保存的细胞解冻后不需要洗涤,而是直接输注到患者体内。这种方法可以被认为是解冻后稀释的一种变化形式,相当于患者的血液被用来稀释冷冻保护剂,患者通过代谢以完全去除(通常是DMSO)。造血干细胞移植是最常见的以这种方式处理的细胞产品。传统观点认为,造血祖细胞对DMSO敏感,尤其是在解冻后,因此冻存的造血干细胞通常在患者床边进行解冻,并在解冻后立即输注以减少细胞损失。

如果将冷冻保护液与细胞一起注射到患者体内,此时的CPA可以看作一种辅料,在细胞治疗应用中使用的CPA包括DMSO、甘油和丙二醇。DMSO未被批准用于输注,并且含DMSO的细胞悬液输注后与不良反应相关,如恶心、寒战、低血压、呼吸困难和心律失常。更严重的反应如心脏骤停、短暂性心脏阻塞、神经毒性、肾衰竭和呼吸骤停等也曾被观察到,虽然发生概率很低。

从历史上看,含有DMSO的解冻细胞曾用于治疗,主要是应对危及生命的疾病(例如,骨髓移植治疗白血病),此时悬浮液被输注到患者体内用于一次性的细胞治疗。新兴的细胞治疗可能包含了多种治疗方式(例如免疫治疗)或者是用来治疗不危及生命的疾病(如孤独症、尿失禁、糖尿病等)。在这些情况下,输注包含DMSO的细胞治疗以及可能产生的副作用是难以让人接受的。目前的一种趋势是在输注前对细胞产品进行洗涤以消除DMSO的影响。

甘油自20世纪70年代以来一直用于保存红细胞。输注含有甘油的细胞与副作用的产生没有关联,因此在一定浓度范围内输注甘油被认为是安全的。与DMSO相反,在甘油中冷冻保存的细胞解冻后必须清洗,这不是因为毒性问题,而是因为渗透压力。例如,在甘油中冷冻保存的红细胞必须清洗,并将甘油降至3%以下,以防止细胞在血管内溶解。

6.5　玻璃化溶液的去除

如第3章所述,玻璃化保存液是高浓度(4~6 mol/L)溶液,去除/稀释玻璃化溶液的方法跟它们添加到细胞或组织的过程同样复杂。去除玻璃化溶液通常需要使用两种甚至更多不同的洗涤溶液和操作步骤。一般来说,细胞在洗涤时只能承受两倍的渗透压变化(添加时则是四倍)。玻璃化溶液或洗涤溶液的密度可以与被玻璃化的生物材料的密度相当甚至更大,因此一般不可能将样本通过离心的方式从溶液中分离出来。通常组织或配子(卵母细胞或胚胎)采用玻璃化方法保存,并且已经开发了在溶液之间转移样本的技术(Fahy, Wowk, 2015)。

洗涤溶液

对于低浓度的冷冻保护液或更耐受渗透压变化的细胞类型,洗涤溶液通常是等渗的(磷酸盐缓冲盐水、组织培养基等)。与冷冻保护液的添加相反,将细胞从冷冻保护液转移到等渗环境中会导致水向细胞内快速流入,伴随着渗透性 CPA 的缓慢流出(图 6.2(a))。脐带血中的造血祖细胞对 DMSO 清除过程产生的渗透压变化十分敏感,所以针对性开发了专门的洗涤溶液(Rubinstein et al.,1995)。它由 10% 右旋糖酐-40 和 5% 人血清白蛋白在生理盐水中组成。这种略微高渗的溶液可以从细胞内部"逼出"DMSO,而不会使细胞产生过大的体积偏移。即右旋糖酐-40 可以产生一定的渗透压力但并不会进入细胞内部,因此产生了一个 DMSO 离开胞内驱动力,但同时水离开细胞外溶液进入细胞内的驱动力较小(图 6.2(b))。一种工程化的洗涤溶液应该减小解冻后洗涤细胞的渗透应力,从而最大限度地减少这一步骤中的细胞损失。理想情况下,最优的洗涤溶液的组成应使得细胞的后续使用不再需要额外的洗涤步骤(即只需要这一步洗涤,后面直接可以使用)。

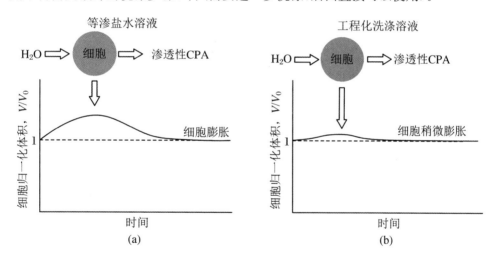

图 6.2　两种洗涤溶液处理下细胞体积随时间的变化情况((a)为使用等渗盐水溶液洗涤细胞的归一化细胞体积随时间的变化。水分首先进入细胞以平衡高化学势,随后是渗透性 CPA 的缓慢流出;(b)为使用工程化洗涤液洗涤细胞的归一化细胞体积随时间的函数。溶液渗透压略高,虽然产生了渗透压力,但大分子无法穿透细胞。因此与(a)部分相比,水分的流入减少了,则细胞体积的变化减少。)

对于玻璃化溶液,洗涤溶液将取决于玻璃化溶液的组成和最终浓度,多步骤去除方案是在样本被玻璃化后开始实施的。例如,在 15% DMSO + 15% 乙二醇中玻璃化的卵母细胞首先在 1 mol/L 蔗糖溶液中洗涤,然后在 0.5 mol/L 蔗糖溶液中洗涤,最后在等渗溶液中重悬。对于传统慢速冷冻保存的细胞,洗涤溶液也是高渗的,并且含有非渗透性溶质(例如蔗糖)。这些洗涤溶液可以"挤出"渗透性 CPA(如 DMSO、乙二醇),同时最大限度地减少水流入细胞和过大的体积偏移。通常需要三种不同成分的洗涤溶液来使卵母细胞从玻璃化溶液中达到等渗状态,而不会有明显的损失。

6.6　科学原理

· 快速解冻对于传统的慢速冷冻和玻璃化都是至关重要的。为了防止反玻璃化,玻璃化样本的复温速率至少要比降温速率大一个数量级。
· 在细胞用于后续应用之前,通常需要去除/稀释冷冻保护液。

6.7　将科学原理融入实践

· 估测平均复温速率只需要一个秒表和观察样本的能力。
· 新的加热设备将提高复温结果的一致性,并对解冻过程提供操作规范(SOP)。
· 用于去除冷冻保护液的洗涤液可以进行工程化设计,以减少洗涤过程中的渗透应力和细胞损失。

参考文献

Alessandrino, P. , P. Bernasconi, D. Caldera, A. Colombo, M. Bonfichi, L. Malcovati, C. Klersy, G. Martinelli, M. Maiocchi, G. Pagnucco, M. Varettoni, C. Perotti, and C. Bernasconi. 1999. "Adverse events occurring during bone marrow or peripheral blood progenitor cell infusion: analysis of 126 cases." *Bone Marrow Transplant* 23(6):533-537.

Antonenas, V. , K. F. Bradstock, and P. J. Shaw. 2002. "Effect of washing procedures on unrelated cord blood units for transplantation in children and adults." *Cytotherapy* 4(4):16.

Benekli, M. , B. Anderson, D. Wentling, S. Bernstein, M. Czuczman, and P. McCarthy. 2000. "Severe respiratory depression after dimethylsulphoxidecontaining autologous stem cell infusion in a patient with AL amyloidosis." *Bone Marrow Transplant* 25 (12): 1299-1301.

Davis, J. , S. D. Rowley, and G. W. Santos. 1990. "Toxicity of autologous bone marrow graft infusion." *Prog Clin Biol Res* 333:531-540.

Fahy, G. M. , and B. Wowk. 2015. "Principles of cryopreservation by vitrification." *Methods Mol Biol* 1257:21-82.

Fahy, G. M. , D. R. MacFarlane, C. A. Angell, and H. T. Meryman. 1984. "Vitrification as an approach to cryopreservation."*Cryobiology* 21(4):407-426.

Galmes, A., J. Besalduch, J. Bargay, N. Matamoros, M. A. Duran, M. Morey, F. Alvarez, and M. Mascaro. 1996. "Cryopreservation of hematopoietic progenitor cells with 5-percent dimethyl sulfoxide at -80 degrees C without rate-controlled freezing."*Transfusion* 36(9): 794-797.

Hanna, J., A. Hubel, and E. Lemke. 2012. "Diffusion-based extraction of DMSO from a cell suspension in a three stream, vertical microchannel."*Biotechnol Bioeng* 109(9):2316-2324.

Haspel, R. L. 2016. "Thawing and Infusing Cellular Therapy Products." In Cellular Therapy: Principles, Methods and Regulations, edited by E. M. Areman and K. Loper, 457-467. Bethesda, MD: AABB.

Hopkins, J. B., R. Badeau, M. Warkentin, and R. E. Thorne. 2012. "Effect of common cryoprotectants on critical warming rates and ice formation in aqueous solutions."*Cryobiology* 65(3):169-178.

Hoyt, R., J. Szer, and A. Grigg. 2000. "Neurological events associated with the infusion of cryopreserved bone marrow and/or peripheral blood progenitor cells."*Bone Marrow Transplant* 25(12):1285-1287.

Karlsson, J. O. 2001. "A theoretical model of intracellular devitrification."*Cryobiology* 42(3): 154-169.

Khuu, H. M., H. Cowley, V. David-Ocampo, C. S. Carter, C. Kasten-Sportes, A. S. Wayne, S. R. Solomon, M. R. Bishop, R. M. Childs, and E. J. Read. 2002. "Catastrophic failures of freezing bags for cellular therapy products: description, cause, and consequences."*Cytotherapy* 4(6):539-549.

Martino, M., F. Morabito, G. Messina, G. Irrera, G. Pucci, and P. Iacopino. 1996. "Fractionated infusions of cryopreserved stem cells may prevent DMSOinduced major cardiac complications in graft recipients."*Haematologica* 81(1):59-61.

Mazur, P. 2004. "Principles of Cryobiology." In Life in the Frozen State, edited by B. J. Fuller, N. Lane, and E. Benson, 3-66. Boca Raton, FL: CRC Press.

Rubinstein, P., L. Dobrila, R. E. Rosenfield, J. W. Adamson, G. Migliaccio, A. R. Migliaccio, P. E. Taylor, and C. E. Stevens. 1995. "Processing and cryopreservation of placental/umbilical cord blood for unrelated bone marrow reconstitution."*Proc Natl Acad Sci U S A* 92(22):10119-10122.

Stroncek, D. F., S. K. Fautsch, L. C. Lasky, D. D. Hurd, N. K. Ramsay, and J. McCullough. 1991. "Adverse reactions in patients transfused with cryopreserved marrow."*Transfusion* 31(6):521-526.

Syme, R., M. Bewick, D. Stewart, K. Porter, T. Chadderton, and S. Gluck. 2004. "The role of depletion of dimethyl sulfoxide before autografting: on hematologic recovery, side effects, and toxicity."*Biol Blood Marrow Transplant* 10(2):135-141.

Tostoes, R., J. R. Dodgson, B. Weil, S. Gerontas, C. Mason, and F. Veraitch. 2016. "A novel filtration system for point of care washing of cellular therapy products." *J Tissue Eng Regen Med* . doi: 10. 1002/term. 2225.

Zambelli, A. , G. Poggi, G. Da Prada, P. Pedrazzoli, A. Cuomo, D. Miotti, C. Perotti, P. Preti, and G. Robustelli della Cuna. 1998. "Clinical toxicity of cryopreserved circulating progenitor cells infusion." *Anticancer Res* 18(6B):4705-4708.

Zenhausern, R. , A. Tobler, L. Leoncini, O. M. Hess, and P. Ferrari. 2000. "Fatal cardiac arrhythmia after infusion of dimethyl sulfoxide-cryopreserved hematopoietic stem cells in a patient with severe primary cardiac amyloidosis and end-stage renal failure." *Ann Hematol* 79(9):523-526.

Zhou, X. , Z. Liu, Z. Shu, W. Ding, P. Du, J. Chung, C. Liu, S. Heimfeld, and D. Gao. 2011. "A dilution-filtration system for removing cryoprotective agents." *J Biomech Eng* 133 (2):021007.

第 7 章　解冻后评估

细胞冷冻保存的最终目标是保持细胞的关键生物学特性以便后续使用,而什么是"关键生物学特性"取决于细胞类型与预期用途。因此,对细胞解冻后的评估方式要与后续的应用场景相匹配。下面将描述解冻后生物特性的不同类别,以及用来表征这些细胞解冻后特性的方式。

在保存方案的所有步骤中,细胞的解冻后评估是最常出错的步骤。解冻后细胞活力的定量表征是评估环节最重要的部分,由于缺乏准确而有意义的解冻后活力测定,因此很难对给定的冻存方案进行修正。为什么解冻后很难做好评估? 这是因为与培养中细胞或最近从体内环境中获取的细胞不同,冷冻和解冻后的细胞经历过了显著的外界压迫,这些压迫对细胞的影响很大,因此常规用于量化细胞活力的方法可能不能反映冻存后细胞的实际活力(Pegg,1989)。举例来说,在低温保存期间,细胞可能已经脱水到其初始体积的一小部分;复温后,细胞体积可能已经恢复,但对细胞膜的影响仍然存在,并且在解冻后需要一段时间才有可能恢复。

也有研究观察到解冻后细胞骨架的变化(Chinnadurai et al.,2014),这种变化会影响细胞解冻后的功能。其中一些变化会随着解冻后时间的推移而消失,这意味着一些细胞可能需要在解冻后培养才能用于后续应用。由于细胞可以经历解冻后的凋亡,细胞活力可以随解冻后的时间而变化,从而影响解冻后立即使用细胞的效果以及解冻后细胞评估的准确性。

7.1　常见的解冻后评估方法

细胞解冻后的功能可以用多种方法进行评估,其中最常见的一种评估方法是解冻后的细胞机械完整性分析。其他检测包括代谢活性、机械活性、有丝分裂活性、分化潜能和移植潜能(见表7.1)。最后,解冻后评估必须反映解冻后的用途,例如对于治疗型的细胞,必须评估解冻后的细胞功能。

7.1.1　物理完整性

"细胞活性(viability)"这个术语通常与细胞的"物理完整性(physicalintegrity)"

交替使用。测定物理完整性最常用的方法是膜完整性染料,这一方法非常常用,因为它可以快速完成且只需最少的设备和培训。细胞只需要放在显微镜下观察就可以量化细胞的物理完整性,气泡形成或膜的不规则性也可以通过这种方式观察到。

常用的膜完整性染料包括台盼蓝,它只需要常规的光学显微镜。而如果使用7-氨基放线菌素 D、吖啶橙(AO)和碘化丙啶(PI)等染料则需要荧光显微镜。还有其他类型的膜完整性染料可以检测细胞的代谢活性,因为它们只有进入细胞并与细胞内反映代谢活动的特定底物相互作用后才会发出荧光。例如,钙黄绿素 AM是一种细胞渗透染料,可用于测定细胞活力。细胞内酯酶水解乙酰氧基甲酯后,非荧光的钙黄绿素会转化为绿色荧光的钙黄绿素。

另一种测量膜完整性的方法是检测细胞内酶向细胞外释放的情况。乳酸脱氢酶(LDH)是一种细胞内酶,只有当细胞裂解时才能在细胞外溶液中检测到。目前已有各种测量 LDH 的商用方法,但细胞内 LDH 含量可能因细胞而异(或细胞类型之间),因此 LDH 释放的定量描述可能会造成很大误差。

表 7.1　细胞解冻后评估的不同类别总结:解冻后细胞的评估应采用多种方式来表征细胞

机械完整性	机械活性
膜完整性(染液) 膜破裂	贴壁 迁移 吞噬作用 运动性 收缩性 聚集性/自组装
代谢活性	有丝分裂活性
营养或代谢物的消耗 代谢产物的检测	细胞增殖 细胞周期分析
分化潜能(仅对干细胞)	移植
多谱系分化 (例如 CFU、trilineage assays) 畸胎瘤的形成	同种 异种

7.1.2　代谢活性

所有细胞在解冻后必须表现出代谢活性才能被认为是有活力的,测定细胞代谢活性的基本方法有两种：测定营养物/代谢物的消耗量和检测代谢产物。

测定代谢活动的一种常用方法是测量耗氧量。测量耗氧量可以使用克拉克电极、电子顺磁共振血氧仪和荧光探针（Diepart et al.，2010）。每种方法在成本、所需样本量和复杂性方面各有优缺点。氧气消耗会随着解冻后时间的变化而发生显著变化，因此应该对样本的耗氧量进行持续监测。

其他测量解冻后代谢活性的方法包括检测常见代谢通路的活性。烟酰胺腺嘌呤二核苷酸磷酸（NADP）及其还原形式（NADPH）参与多种生化反应，包括保护细胞免受活性氧化物质（ROS）侵害的氧化还原反应，允许还原谷胱甘肽以及合成代谢通路的重塑。检测 NADPH 的常用方法包括使用四唑染料和 MTT。MTT 染料是黄色的，在与线粒体还原酶反应后会变成紫色。溶液的吸光度可以用分光光度计量化，从而代谢活性可以根据吸光度来量化。其他几种四氮唑盐 INT、TTC、XTT 和 MTS 是目前市面上有的与 MTT 类似的检测试剂盒。

对于某些细胞类型，其特有的合成或代谢活动对后续使用至关重要，因此解冻后评估应该包括对这些特性的检测。对于间充质干细胞，产生适当的细胞外基质对于表征解冻后的功能至关重要。胶原蛋白对放射性前体的摄取可以用作细胞外基质生产的度量。也可以固定细胞，然后使用传统的组织学染料（如天狼星红染色和马松染色）对胶原蛋白进行染色（Segnani et al.，2015）。

其他细胞类型正常功能下可能涉及可溶性因子的合成和分泌。白蛋白的产生已被用来表征肝细胞的代谢活性（Dunn et al.，1989）。碱性磷酸酶（ALP）由所有细胞分泌，但在未分化细胞的细胞膜上发现更多。对胚胎干细胞（ES）或诱导多能干细胞（iPS）进行 ALP 染色十分常见，将 ALP 的表达作为细胞原始性（primitivity）的标记物（Thomson et al.，1998；Yu et al.，2007）。

先前描述的代谢测定是对细胞产生的分子进行测定的，而针对目标 mRNA 的转录过程，可以在分子水平上执行前面描述的许多测定。

7.1.3　机械活性

对于许多细胞类型，其尺寸、位置或贴壁情况都是对其细胞功能的基本表征。这几种"机械活性"的表征分析通常用于解冻后的细胞评估。机械活性最常见的检测方法是细胞贴壁检测，细胞通常在悬浮液中冷冻保存，并且细胞在解冻后进行贴壁能力的检测。贴壁型细胞如果不能贴壁，则可能是因为细胞正在经历一个特殊的程序性细胞死亡过程（Anoikis，失巢凋亡）。

评估细胞解冻后贴壁能力的方式很简单，通常是将给定数量的细胞接种到培养环境中。经过一段时间（例如 2～4 小时），将上清液中未贴壁的细胞取出并计数，然后就可以根据此来确定贴壁的细胞比例。

某些类型细胞的运动能力(motility)是表征其功能的重要指标,最常用于精子活力的表征(De Jonge et al.,2003)。例如可以表征至少100个精子的运动情况(位置变化或尾部运动),并且可以量化样本中运动精子的百分比。

其他类型的运动检测包括细胞迁移测定(migration assays)。细胞的迁移能力在各种应用中都很重要,包括癌症(即细胞的转移潜能)、伤口愈合和动脉粥样硬化。量化细胞迁移能力的方法有多种,其中最常见的两种是伤口闭合实验和转板迁移实验(transwell migration assay)(Justus et al.,2014)。

肌肉细胞的关键功能之一是收缩能力,因此收缩性实验通常用于评估解冻后肌肉细胞的功能。心肌细胞在体外表现出跳动,这一功能对解冻后的应用很重要(Gu et al.,2013)。目前针对心肌细胞的跳动行为有商用的试剂盒可以进行测定与分析。

另一种类型的机械活性包括吞噬作用,主要用于表征巨噬细胞和中性粒细胞的功能。吞噬作用是细胞吞噬固体颗粒的过程。巨噬细胞和其他免疫细胞利用这种机制清除病原体或细胞碎片。细胞吞噬目标颗粒(通常是红细胞或酵母聚糖颗粒),具备(或不具备)吞噬功能的细胞数量可以使用显微镜进行定量标定。

细胞聚集(或自组装)也是一种类型的机械活性测试。肝细胞、神经祖细胞、胚状体、β细胞、胚胎干细胞和iPS细胞可以自发形成球状或盘状聚集体(Thomson et al.,1998;Yu et al.,2007)。成纤维细胞和内皮细胞的共培养可以自组装成微血管(Sorrell et al.,2007)。细胞在解冻后重组成球状、盘状聚集体或微血管的能力可以作为解冻后机械功能的一个检测指标。

7.1.4　核分裂能力

解冻后细胞的增殖能力是另一个常用的评估指标。确定解冻后细胞增殖能力的方法非常直接:将给定数量的细胞接种到培养环境中,在一定的时间(通常为24~72小时)后对细胞进行计数。细胞数量随培养时间的增加而增加表明细胞有增殖的能力。可以比较细胞冷冻前和解冻后的数量倍增需要的时间 T_d,以此确定冷冻保存过程是否改变了细胞的增殖能力。

$$T_d = (t_1 - t_2) \times \log(2)/\log(N_2/N_1)$$

细胞的有丝分裂能力也可以用流式细胞术来测定(Anderson et al.,1998)。例如细胞可以用有丝分裂特异性抗原TG-3染色,并结合定量DNA测量或溴脱氧尿苷,后者可以对细胞周期的四个阶段进行量化(M,G1,S,G2)。利用流式细胞术测定有丝分裂活性的其他技术还包括检测磷酸化抗原表位(phosphorylated epitopes)作为有丝分裂细胞的生物标志物(Jacobberger et al.,2008)。

7.1.5　分化潜能

顾名思义，干细胞必须表现出分化成不同细胞类型的能力。因此分化实验通常用于验证干细胞在解冻后的分化能力。干细胞可以是多能的(multipontent 或 pluripotent)或全能的(totipotent)。多能(multipotent)干细胞能够分化成一种以上的细胞类型。成体干细胞如造血干细胞(HSCs)，能够分化成所有不同的血细胞类型，因此它们被认为是 multipotent 的。而多能(pluripotent)干细胞的范围比 multipotent 更广，能够分化成体内存在的三种胚层(内胚层、中胚层和外胚层)，胚胎干细胞被认为是 pluripotent 的。全能(totipotent)干细胞能够形成体内所有类型的细胞，目前尚未开发出被广泛接受的细胞全能性的表征方法。

集落形成单位(Colony-Forming Unit，CFU)检测通常用于证明造血祖细胞(HPCs)的多能性。简单地说，将 HPCs 接种到含有细胞因子的半流体甲基纤维素培养基中，然后置于培养板中。经过一定的培养期(10～14 天)，集落(colony)形成，可以对集落中的红细胞、粒细胞、粒细胞/巨噬细胞或巨核细胞祖细胞进行计数和评估。这种 CFU 检测通常在可能移植到接受 HSC 移植的患者体内的产品上进行。

相比之下，间充质干细胞(MSCs)也是多能(multipotent)成体干细胞，但它们一般分化为脂肪、软骨和成骨细胞，通常使用三系分化试剂盒(the trilineage assay)来鉴定这种特性。简而言之，MSCs 被置于三种不同的培养基中培养，这三种不同成分的培养基会诱导 MSCs 分别朝脂肪细胞、软骨细胞和成骨细胞分化。经过适当的培养期(7～21 天)后，将培养物固定并染色。脂肪细胞培养物用油红染色以确定脂肪堆积的存在；软骨细胞培养物用阿利新蓝染色以检测与软骨形成一致的硫代糖胺聚糖；成骨细胞培养物用茜素红染色以检测钙化的细胞外基质(Dominici et al.，2006)。这个试剂盒通常用于临床使用的 MSCs。

其他类型的干细胞，如胚胎干细胞和 iPS 细胞，它们具备的多能性可以通过畸胎瘤实验(teratoma assay)来验证。胚胎干细胞或诱导性多能干细胞被注射到老鼠的后肢，并培养大约 9 周(Thomson et al.，1998；Yu et al.，2007)。胚胎干细胞或诱导性多能干细胞分化为三种不同的胚层(外胚层、中胚层和内胚层)，这些可以通过注射区域的组织学染色证实。

7.1.6　移植潜能

用于治疗的细胞最终检测的是细胞在体内移植和按预期发挥功能的能力。造血干细胞 HSCs 是冷冻保存、输注、移植和表达成熟血细胞的最常见案例。在美国每年有超过 3 万人接受造血干细胞治疗各种疾病(如白血病、范科尼贫血等)，其中许多患者接受了冷冻保存的细胞。移植后的血细胞中含有供者的 DNA,因此证明来自供者的细胞可能会长期存在。

移植实验通常涉及动物研究。通常有两种不同类型的动物移植研究:同种和异种移植。同基因研究涉及从基因相同或足够相似的动物身上移植细胞或组织,这样就不需要担心免疫反应。异种移植是指将其他物种的细胞(通常是人类)移植到另一种动物模型,大多数异种移植研究使用免疫缺陷的动物。

7.2　提高解冻后细胞评估准确性和可重复性的策略

7.2.1　消除测量偏差

如果使用常见的膜完整性染液评估细胞活性,需要在计算时考虑测量偏差。这种测量偏差如图 7.1 所示。在图 7.1(a)中,冷冻前的样本中有 100 个细胞,通过膜完整性染色表明有 7 个细胞为死细胞(图中灰色的细胞)。样本的总体活性为 93/100 或 93%。解冻后进行相同的检测,细胞总数为 71 个,其中 5 个细胞染色不存活。使用与前面描述相同的方法,总的活性为 93%。如果将冻融后的细胞活力除以冻融前的细胞活力,则冻融过程的效率为 100%。

然而,使用这种方法来计算冻融过程的细胞能力或效率,实际上人为地提高了结果。对于冷冻保存的 n 个细胞,将有三个不同的群体:

(1) 完整且有活性的细胞;

(2) 完整但无活性的细胞;

(3) 细胞已经破裂(裂解)不再完整。

在进行计算时,一个常见的错误是忽略已经裂解的细胞,因此,它们不存在于样本中。通过忽略已经裂解的细胞数量,对冷冻过程的细胞生存能力或效率的估计被人为地提高了。评估一个冻结过程中细胞恢复情况更精确的方法是计算 R,方法如下:

$$R = \frac{NPT}{NPF}$$

其中 NPF 是冷冻前活细胞总数,NPT 是解冻后活细胞总数。

使用前面示例中给出的数字,冻结过程的细胞回收率将为 66/93 = 71%(而使用其他方法则为 100%)。因此,计算活力如果仅仅考虑完整细胞而忽略在冷冻过程中已裂解的细胞,会导致计算的细胞活率偏高。

• 解冻后评估的最佳操作 1:测量解冻后细胞恢复的定义为,解冻后的活细胞数量除以冻结前的活细胞数量。这种做法消除了仅计数完整细胞导致的测量偏差。

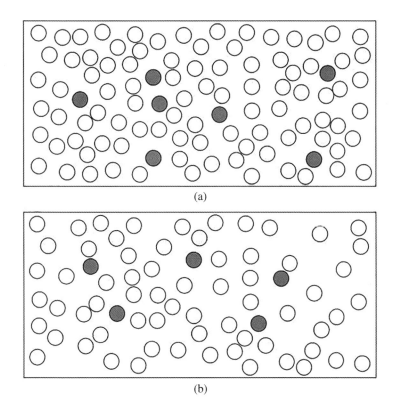

图 7.1　给定样本冻结前和解冻后的评估(在图中透明的细胞是活的,灰色阴影的细胞是死的。图(a)中细胞总数为 100 个,93% 的细胞在冷冻前存活。图(b)中细胞总数为 71 个,93% 的细胞在解冻后存活。如果不包括细胞损失,则细胞的恢复情况会错误地偏高。)

7.2.2　解冻后细胞凋亡的补偿

多种细胞类型都被证实解冻后细胞数量随时间的变化而下降(图 7.2),这是解冻后细胞凋亡造成的(Baust et al.,2001;Stroh et al.,2002)。这种现象反映出我们在进行冻存后的细胞检测(特别是物理完整性检测)时必须保持时间上的一致性。具体来说,解冻后 30 分钟测量解冻后活力与解冻后 1 小时测量解冻后活力可能会产生不同的结果。因此在执行冷冻方案过程中保持检测时间的一致性可以减少误差。

解冻后细胞计数的一种方法是解冻后等待 24～36 小时再进行活力检测,这段时间足够确保某些细胞彻底死亡,这代表了一种保守的估计细胞存活率的方法。

- 解冻后评估的最佳操作 2:细胞计数或使用膜完整性染料分析细胞完整性

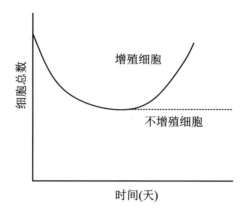

图 7.2　解冻后细胞数量随时间的变化（具有
增殖能力的细胞在增殖速率超过细胞
死亡速率后，细胞数量就会增加。不
能增殖的细胞开始逐渐死亡，然后细
胞数量会趋于平稳（虚线）。）

应在解冻后的相同时间点进行，并且冻存方案应包含执行检测的时间点（或极窄的
时间窗口）。这种做法将消除由于解冻后细胞损失而导致的数据误差。

7.2.3　单一方法的解冻后评估

在冷冻方案的开发和优化过程中，另一个常见错误是使用单一方法进行解冻
后评估。最常用的单一测量是物理完整性，最常见的是使用染料的膜完整性染液。
这种方法对许多不同的细胞类型提供的信息是不够的。例如肝细胞可以在冷冻和
解冻过程中存活，并具有高水平的膜完整性，但其他功能，包括贴壁和代谢药物的
能力都明显减弱（Alexandre et al.，2012）。因此，解冻后的肝细胞不能发挥所需
的功能。因此，使用膜完整性作为解冻后功能的唯一衡量标准并不能反映保存过
程的实际效率，因为细胞在解冻后可能不会表现出预期的功能。

对冷冻方案开发的每一步进行一系列解冻后分析是困难和昂贵的。一种更实
用的方法是定期进行更深入的解冻后检测，以确认正在开发过程中使用的快速、易
于执行的检测所观察到的现象。另一种策略是如果这两种方法都相对容易执行就
同时使用多种方法。例如，开发一种保存贴壁细胞的方法可能需要同时测量解冻
后细胞膜的完整性和细胞的贴壁能力。

使用单一的方法来表征解冻后的生存能力，会给异质性的细胞群带来其他问
题。当异质性细胞群被冷冻保存时，通常将解冻后评估与细胞的表型特征结合起
来。确定所需的细胞亚群是否在冷冻方案中存活是很重要的。造血干细胞 HSCs

产品异质性很强,包含淋巴细胞、粒细胞、单核细胞、嗜酸性粒细胞和极少数的造血祖细胞 HPCs(1%～2%,CD34$^+$ CD45$^+$ 细胞)。而造血祖细胞 HPCs 是发挥治疗作用的目标细胞(植入后生产血细胞),剩余的细胞可能支持或抑制祖细胞的植入和血细胞的成熟。因此,解冻后评估可能包括细胞表型分析以确定混合群体中目标细胞(例如 HPCs)的存在和比例。

　· 解冻后评估的最佳操作 3:使用多种解冻后评估措施是至关重要的,特别是在工艺开发和优化期间。这些指标中至少有一项应反映所需的细胞解冻后功能。

7.3　解冻后评估的光学方法

　如本章前面所述,细胞在冷冻过程中会经历显著的变化,这将影响解冻后评估的可靠性,特别是基于光学表征方法(如流式细胞术)可能需要重新校准或优化。因为经历了冷冻和解冻的细胞可能会影响光的正向和侧向散射,这些变化会影响对数据的解读。

　· 解冻后评估的最佳操作 4:当使用光学方法进行解冻后评估时,应谨慎地重新校准或改变数据分析方法,以反映冻结和解冻对细胞光学特性的影响。

7.4　质量控制

　在解冻和评估完成后,必须根据结果决定使用或丢弃样本。每个冻存方案都应建立细胞允许后续使用的质量标准。细胞治疗产品的质控标准为其他所有冷冻保存样本质控标准的建立提供了良好的起点。为了保证细胞后续的应用效果,冻存样本应针对以下指标建立标准:

　· 安全性/无菌性;
　· 细胞鉴定;
　· 纯度;
　· 潜能。

　如第 2 章所述,细胞在冷冻前应检测细菌、病毒、支原体或其他外源因子。如果在保存过程中存在污染风险,可以在解冻后进行额外的安全性测试。同样,细胞在冷冻前需要进行鉴定(第 2 章),这些鉴定结果可以作为冻存产品质量标准的一部分。先前描述的解冻后评估主要解决了细胞的纯度和潜能问题,这些实验检测了解冻后的细胞活力和功能。因此,质量标准需要指定冻存产品可接受的细胞活率、细胞恢复和解冻后的功能水平。

7.5 科学原理

细胞在冷冻过程中发生了翻天覆地的变化,这些变化会影响解冻后评估的结果。

7.6 将科学原理融入实践

· 当计算解冻后细胞的恢复情况时,为了减少误差不能仅测量完整细胞的活力。

· 确保细胞的解冻检测是在统一的时间节点上进行的,以消除细胞在解冻后随时间凋亡引起的结果差异。

· 在冻存方案的制定和优化期间使用多种解冻后的细胞评估方法,这些指标中至少有一项可以反映所需细胞解冻后的功能。

· 当使用光学方法进行解冻后评估时,设备的校准或数据的解读应反映冷冻过程引起的细胞光学特性的变化。

· 应制定适合解冻细胞后续使用的质量标准。

参考文献

Alexandre, E., A. Baze, C. Parmentier, C. Desbans, D. Pekthong, B. Gerin, C. Wack, P. Bachellier, B. Heyd, J. C. Weber, and L. Richert. 2012. "Plateable cryopreserved human hepatocytes for the assessment of cytochrome P450 inducibility: experimental condition-related variables affecting their response to inducers." *Xenobiotica* 42(10):968-979.

Anderson, H. J., G. de Jong, I. Vincent, and M. Roberge. 1998. "Flow cytometry of mitotic cells." *Exp Cell Res* 238(2):498-502.

Baust, J. M., M. J. Vogel, R. Van Buskirk, and J. G. Baust. 2001. "A molecular basis of cryopreservation failure and its modulation to improve cell survival." *Cell Transplant* 10(7):561-571.

Chinnadurai, R., M. A. Garcia, Y. Sakurai, W. A. Lam, A. D. Kirk, J. Galipeau, and I. B. Copland. 2014. "Actin cytoskeletal disruption following cryopreservation alters the biodistribution of human mesenchymal stromal cells in vivo." *Stem Cell Rep* 3(1):60-72.

De Jonge, C. J., G. M. Centola, M. L. Reed, R. B. Shabanowitz, S. D. Simon, and P. Quinn. 2003. "Human sperm survival assay as a bioassay for the assisted reproductive technologies laboratory." *J Androl* 24(1):16-18.

Diepart, C., J. Verrax, P. B. Calderon, O. Feron, B. F. Jordan, and B. Gallez. 2010. "Comparison of methods for measuring oxygen consumption in tumor cells in vitro." *Anal*

Biochem 396(2):250-256.

Dominici, M., K. Le Blanc, I. Mueller, I. Slaper-Cortenbach, F. Marini, D. Krause, R. Deans, A. Keating, D. J. Prockop, and E. Horwitz. 2006. "Minimal criteria for defining multipotent mesenchymal stromal cells. The International Society for Cellular Therapy position statement."*Cytotherapy* 8(4):315-317.

Dunn, J. C., M. L. Yarmush, H. G. Koebe, and R. G. Tompkins. 1989. "Hepatocyte function and extracellular matrix geometry: long-term culture in a sandwich configuration." *FASEB J* 3(2):174-177.

Gu, Y., F. Yi, G. H. Liu, and J. C. Izpisua Belmonte. 2013. "Beating in a dish: new hopes for cardiomyocyte regeneration."*Cell Res* 23(3):314-316.

Jacobberger, J. W., P. S. Frisa, R. M. Sramkoski, T. Stefan, K. E. Shults, and D. V. Soni. 2008. "A new biomarker for mitotic cells."*Cytometry A* 73(1):5-15.

Justus, C. R., N. Leffler, M. Ruiz-Echevarria, and L. V. Yang. 2014. "In vitro cell migration and invasion assays."*J Vis Exp* e51046. doi: 10.3791/51046.

Pegg, D. E. 1989. "Viability assays for preserved cells, tissues, and organs."*Cryobiology* 26 (3):212-231.

Segnani, C., C. Ippolito, L. Antonioli, C. Pellegrini, C. Blandizzi, A. Dolfi, and N. Bernardini. 2015. "Histochemical detection of collagen fibers by Sirius Red/Fast Green is more sensitive than van Gieson or Sirius Red alone in normal and inflamed rat colon."*PLoS One* 10(12):e0144630.

Sorrell, J. M., M. A. Baber, and A. I. Caplan. 2007. "A self-assembled fibroblastendothelial cell co-culture system that supports in vitro vasculogenesis by both human umbilical vein endothelial cells and human dermal microvascular endothelial cells."*Cells Tissues Organs* 186 (3):157-168.

Stroh, C., U. Cassens, A. K. Samraj, W. Sibrowski, K. Schulze-Osthoff, and M. Los. 2002. "The role of caspases in cryoinjury: caspase inhibition strongly improves the recovery of cryopreserved hematopoietic and other cells."*FASEB J* 16(12):1651-1653.

Thomson, J. A., J. Itskovitz-Eldor, S. S. Shapiro, M. A. Waknitz, J. J. Swiergiel, V. S. Marshall, and J. M. Jones. 1998. "Embryonic stem cell lines derived from human blastocysts."*Science* 282(5391):1145-1147.

Yu, J., M. A. Vodyanik, K. Smuga-Otto, J. Antosiewicz-Bourget, J. L. Frane, S. Tian, J. Nie, G. A. Jonsdottir, V. Ruotti, R. Stewart, I. I. Slukvin, and J. A. Thomson. 2007. "Induced pluripotent stem cell lines derived from human somatic cells."*Science* 318(5858): 1917-1920.

第 8 章　算法驱动的方案优化

如前几章所述,细胞冷冻保存后的存活率受到冷冻保护液、降温速率和复温速率等多重因素的影响。优化冻存方案的最常见方法是反复改变 CPA 溶液组成和复温速率,然后检测细胞活力(Freimark et al.,2011)以确定最优的方案,然而这种方法不仅昂贵、耗时,还未必能得到最佳结果。

对具有多个独立自变量(如 CPA 组成、降温速率)和因变量(如细胞活性、解冻后功能和细胞表型)的过程进行优化,可以使用多种方法。差分进化(DE)是一种不使用梯度的启发式优化方法,这意味着该方法可以用于不连续甚至随时间变化的问题。DE 可以对要解决的问题进行最少的假设,并且可以在信息不完整的条件下进行操作。

最近,一种平衡鲁棒性和收敛性的 DE 算法被用于优化保存方案(Pollock et al.,2016b)。这种方法已被用于优化无 DMSO 条件下间充质基质细胞的保存。对于特定细胞,该方法可以同时优化降温速率和 CPA 组成。Storn 和 Price 开发了该算法的基本结构,并作为开源软件提供(Storn,Price,1997)。该算法利用随机直接搜索和独立扰动的群向量(包含各种溶液组成和降温速率),在用户定义的参数空间内确定解冻后生存能力的全局最大值。

第 0 代由随机生成的初始群组成,该群涵盖了溶液组成和降温速率的整个参数空间(图 8.1)。该群包含了给定数量的独立参数(溶液组成和降温速率)并以向量的方式表示。

向量的大小由需要验证的变量(input)的数量(例如 CPA 溶液组分的数量和降温速率的数量)决定。然后使用第 0 代向量代表的 CPA 成分和降温速率冷冻细胞,并测量对应的细胞回收率。解冻后细胞恢复的测量结果通过该算法进行修改,所得到新群体代表的 CPA 成分和降温速率组合(即新的向量),可能会产生更优的细胞冻存效果。从这种比较中得到的最佳值(无论是原始的还是新的向量)被置于一个"新兴群(emergent population)"。这种突变/比较过程在所有后续的迭代中反复进行。最终得到的新群包含了一系列通过随机直接搜索被独立优化后的解决方案,并涵盖了在定义的参数空间内冷冻细胞的最佳可能独立参数。描述 DE 方法和算法的数学基础超出了本章的范围。关于这种方法的更多信息可以在 Storn,

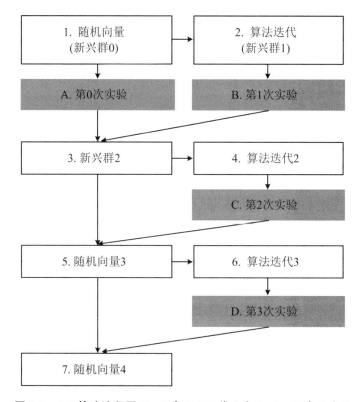

图 8.1 DE 算法流程图（1～7 表示 DE 算法步骤，A～D 表示实验步骤。该算法在第 0 代中产生一个随机的跨越参数空间的向量和基于第 0 代突变的第 1 代实验种群。这两种载体都经过实验测试，并将相应的活细胞恢复输入 DE 算法中，从而产生新兴种群（pop），并重复该过程。）

Price 和 Lampinen（2005）中找到。

算法的收敛性可以通过两个不同的指标来衡量：① 在给定种群中观察到的累积最佳活细胞回收率增加；② 在每一次迭代之后，新兴种群中改进溶液的数量减少。在算法优化过程中，这两个参数都可以作为生成函数进行监控。算法的性能会受到三个不同参数的影响：生成大小（*NP*）、交叉率（*CR*）和权重（*F*）。在这个算法里 *NP* 指的是在一个指定向量中测试的溶液组成或降温速率的数量。一般来说，*NP* 必须大于 4。增加 *NP* 可以提高找到全局最优的概率，但会减慢收敛速度。经验法则是，*NP* 值可以在 3*D*～8*D* 之间（*D* 是被优化的独立变量的数量）。*CR* 控制着当前种群中每个元素中哪些成分和多少成分发生了突变。*CR* 是 0～1 之间的概率。交叉率越大，算法的收敛速度越快。对于多模态、参数依赖的问题，*CR* 在 0.9～1.0 范围内是合理的。权重 *F* 必须大于零，并且 *F*>0.4 较为常见。较大

的 F 值会增加错失局部最优解的概率(以便继续寻找全局最优)。F 的典型值在 $0.4 \sim 0.95$ 之间。

8.1 小细胞数/高通量方法

在构建完算法并确定 NP, CR 和 F 之后,下一阶段是设计冻结实验。候选溶液中的细胞可以小体积(约 $100 \mu L$)冷冻在 96 孔板中。这种方法减少了保存所涉及的细胞和试剂的数量。

建议每个实验条件要重复测试三次,避免操作失误。

使用 96 孔板需要对冻结和解冻行为进行表征。应进行预实验:使用热电偶表征冻结和解冻期间 96 孔板横跨的空间梯度的温度差异。要测试溶液的孔应当具有均匀的降温和复温速率(例如孔板外围的孔往往比中心的孔更快地冷却和加热)。为了防止蒸发或污染,应使用耐低温的硅胶盖密封板。

每种成分的浓度可以在 0 和从文献中确定的最大值之间离散变化,或者由溶解度或毒性限值决定最大值。使用较低的零值浓度将可以在优化中消除对细胞恢复没有贡献的成分。

这种冷冻方式还需要以高通量方式进行解冻后评估。使用荧光染料和荧光板读取器可以快速评估大量孔内细胞的解冻后生存能力。原始荧光值可用于计算每孔中存在的活细胞和死细胞的数量,通过将测量到的荧光与使用已知(活细胞和死细胞)计数的连续稀释产生的未冷冻细胞的控制曲线相关联。活细胞回收率可以通过将解冻样本中存在的活细胞数除以冷冻前的活细胞数来计算。

利用荧光染料测定膜的完整性是一种快速测定解冻后恢复的方法。还有其他类型的方法在第 7 章做了详细描述。具体而言,解冻后细胞的贴壁已被用作解冻后评估的一种更有效的方法(Pollock et al., 2017)。将细胞解冻,然后将已知数量的细胞放入培养皿中,经过一段适当的孵育时间后,洗涤培养皿以去除任何未附着的细胞,再用荧光染料染色,并用读板器读出荧光值。细胞贴壁率的值就可以计算为:贴壁后的荧光值与对照组未冷冻细胞(与实验组同样细胞密度与体积)荧光值的比值。

一般来说,快速、简单的解冻后评估方法常用于冻存方案的初步优化。而后续进一步的研究可以使用更复杂和难以操作的分子生物学和细胞生物学实验来表征解冻后的功能。如果使用优化后的冻存方案时发现细胞的特定功能损失,那么可能在初步优化方案的时候需要增加评估的指标(如缺失的特定功能指标)。

8.1.1 算法的验证

通常使用两种不同的方法来验证算法。第一个涉及测试整个 CPA 组成和降温速率范围,并确定使用该算法的最优是否与跨越整个组成和降温速率范围时发现的最优一致(Pollock et al.,2016b)。验证算法的第二种方法使用不同的起始向量(第 0 代),并确定算法是否从不同的起始点收敛到相同的最优值。请记住,所使用的权重(F)可能会影响解决方案找到全局最大值(而不是局部最大值)的能力。因此,如果在算法优化后,改变初始向量会导致不同的最优,那么评估不同权重因子对结果的影响可能也会有所帮助。

8.1.2　灵活性

DE 算法已经被用于优化 CPA 配方和降温速率,迄今为止虽然已经有使用 DE 算法来优化 5 种组分的 CPA 的研究,但其他研究主要集中在三组分 CPA 溶液的优化上(Pollock et al.,2016a;Pollock et al.,2016b;Pollock et al.,2017)。

算法驱动的优化可用于优化方案中的各种其他参数:冷冻保护剂处理时间、降温速率、成核温度等。增加自变量的数量将增加生成规模和实验复杂性,因为必须构建实验来测试跨参数空间的所有变量。

算法的输出维度也可以扩展。目前的方法集中在解冻后膜的完整性、细胞恢复或细胞贴壁。然而,冷冻方案的效果可以基于多个解冻后指标进行优化。例如,可以总细胞回收率、表达 $CD34^+$ $CD45^+$ 细胞表面表型的细胞百分比和聚集体(colony)形成(解冻后恢复的常规临床指标)来优化造血祖细胞的保存。优化所有这些指标将意味着冻存方案将收敛于所有解冻后指标的最佳组合,而不仅仅是单个指标的最大值。

8.2　注意事项

在 96 孔板中冷冻的细胞解冻后恢复可能与在冻存管和冻存袋中观察到的不同。因此,应该根据后续细胞应用的实际需求(细胞体积和细胞密度)完成方案验证。

最佳的 CPA 组合可能对某一个(或几个)给定的冷冻保护剂浓度为 0。这一结果表明,这种成分不能改善解冻后细胞的恢复,甚至实际上可能是有害的。

由于解冻后恢复不可能超过 100%,因此也可以出现“最佳组成”,从而在不收敛的情况下实现可被接受的解冻后恢复效果。然而,该算法的完成可以帮助绘制最优操作空间的范围,基于此可以用来开发多种能成功使用的冻存方案。

8.3　低温生物学中的建模

在低温生物学领域,各种各样的过程已经被建模,包括低温保护剂和水在细胞膜上的运输、细胞内冰的形成,以及冷冻过程中的热量和质量传递(Benson,2015)。其他模型试图根据细胞内过冷的阈值和对特定细胞类型运输特性的了解来预测保存的最佳降温速率(Kashuba et al.,2014;Woelders,Chaveiro,2004)。本章概述的方法不需要了解细胞类型或其生物学、生物物理特性的先验知识。如果当前概述的 DE 算法不能带来可接受的解冻后恢复效果,或者特定细胞类型无法适应,则这些替代方法可能会有所帮助。

参考文献

Benson, J. D. 2015. "Modeling and Optimization of Cryopreservation." In Cryopreservation and Freeze-Drying Protocols, edited by W. F. Wolkers and H. Oldenhof, 3rd ed., Methods in Molecular Biology 1257, 83-120. New York: Humana Press.

Freimark, D., C. Sehl, C. Weber, K. Hudel, P. Czermak, N. Hofmann, R. Spindler, and B. Glasmacher. 2011. "Systematic parameter optimization of a Me(2)SO- and serum-free cryopreservation protocol for human mesenchymal stem cells." *Cryobiology* 63(2):67-75.

Kashuba, C. M., J. D. Benson, and J. K. Critser. 2014. "Rationally optimized cryopreservation of multiple mouse embryonic stem cell lines: II—Mathematical prediction and experimental validation of optimal cryopreservation protocols." *Cryobiology* 68(2):176-184.

Pollock, K., Yu, G., Moller-Trane, R., Koran, M., Dosa, P. I., McKenna, D. H., and Hubel, A. 2016a Combinations of Osmolytes, Including Monosaccharides, Disaccharides, and Sugar Alcohols Act in Concert During Cryopreservation to Improve Mesenchymal Stromal Cell Survival. *Tissue Eng Part C Methods* 22,999-1008.

Pollock, K., J. W. Budenske, D. H. McKenna, P. I. Dosa, and A. Hubel. 2016b. "Algorithm-driven optimization of cryopreservation protocols for transfusion model cell types including Jurkat cells and mesenchymal stem cells." *J Tissue Eng Regen Med*. doi: 10.1002/term.2175.

Pollock, K., R. M. Samsonraj, A. Dudakovic, R. Thaler, A. Stumbras, D. H. McKenna, P. I. Dosa, A. J. van Wijnen, and A. Hubel. 2017. "Improved post-thaw function and epigenetic changes in mesenchymal stromal cells cryopreserved using multicomponent osmolyte solutions." *Stem Cells Dev* 26(11):828-842.

Storn, R, and K. Price. 1997. "Differential evolution—a simple and efficient heurstic for global optimization over continuous spaces." *J Glob Optim* 11(4):341-359.

Storn, R, K. Price, and J. A. Lampinen. 2005. Differential Evolution: A Practical Approach to Global Optimization. New York: Springer.

Woelders, H., and A. Chaveiro. 2004. "Theoretical prediction of 'optimal' freezing programmes." *Cryobiology* 49(3):258-271.

下篇　冷冻方案

概　　述

本书的下篇包含了几个解决细胞冷冻保存、运输和解冻的具体方案。每个方案都包含一些共同的要素：设备、耗材、冷冻保护液的添加、冷冻，以及在某些情况下的解冻过程。一些方案讨论了冷冻前细胞的制备或冷冻前细胞的质量标准，一些方案还包括了在保存期间的安全措施。

在各种方案中描述了不同的冷冻保存技术。有些方案使用程序降温冷冻样本；还有一些方案使用被动降温冷冻样本；卵母细胞玻璃化方法采用 Cryoleaf 玻璃化系统；本章还描述了外周血单核细胞的两种不同保存方法，其中一种方法更适合与自动化处理系统一起使用。每种方案都有其优点和局限性，了解方案背后的科学原理将有助于我们的选择。

不同的细胞类型需要使用不同的保存方案，同样，对于给定细胞类型可能存在不止一种保存方法。例如本书给出了三种不同的保存红细胞的方案，并且这三种方案的结果都满足实际需求。因此，低温保存方案的设计与选择是和后续应用紧密相关的，保存步骤和过程可能因细胞类型、工作流程和资源情况而发生改变。

如果保存方案中提到的细胞类型恰好是读者需要进行保存操作的细胞，则这部分内容无疑具有很强的指导性。然而这些方案的真正用途在于，它们代表了本书前面给出的科学原理在实际操作中的应用。理解描述方案所有要素的章节与保存方案的实际步骤之间的联系是很重要的。这种理解将使用户能够：① 开发新的方案；② 改进现有方案的效果。

方案编著者

感谢以下个人或团队对细胞冷冻保存方案的贡献：

- **内皮细胞悬浮液的冷冻保存**

Leah A. Marquez-Curtis，A. Billal Sultani，Locksley E. McGann，and Janet A. W. Elliott，University of Alberta，Edmonton，Canada.

- **全血中外周血单核细胞的冷冻保存**

Rohit Gupta and Holden Maeker，School of Medicine，Stanford University，Palo Alto，CA，USA.

· 人脂肪干细胞的冷冻保存

Melany Lopez and Ali Eroglu，Medical College of Georgia，Augusta，GA，USA.

· 红细胞的冷冻保存

Andreas Sputtek，Medical Laboratory Bremen，Bremen，Germany.

· 卵母细胞的慢速冷冻保存、玻璃化保存与复温

Jeffrey Boldt，Community Health Network，Indianapolis，IN，USA.

· 造血祖细胞的冷冻保存与复温、造血祖细胞及其他细胞产品的运输、T 细胞的冷冻保存、复苏与输注

Jerome Ritz，Sara Nikiforow，and Mary Ann Kelley，Dana Farber Cancer Institute，Boston，MA，USA.

1 内皮细胞悬浮液冷冻保存

原理

一种优化的内皮细胞冷冻保存方案已在人脐静脉内皮细胞、猪和人角膜内皮细胞得到验证，其解冻后存活率超过 85%（Marquez-Curtis et al.，2016，Marquez-Curtis, et al.，2017，Sultani et al.，2016）。内皮细胞形成血管和其他组织的内层，提供选择性渗透屏障。血管内皮细胞在止血、凝血、免疫反应和血管生成中起着关键作用，常用于功能障碍和病理学研究，如动脉粥样硬化和血栓形成。

仪器与耗材

仪器

1. 分析天平
2. 生物安全柜
3. 移液器
4. 相差显微镜
5. 库尔特计数器或血细胞计
6. 离心机
7. 可编程甲醇低温浴或 −80 ℃冰箱
8. T 形热电偶和 OMB-DAQ-55 数据采集模块
9. 水浴锅
10. 定时器
11. 液氮杜瓦瓶

耗材

1. 50 mL 锥形离心管
2. 移液器和枪头（200 μL，1000 μL）
3. 硼硅玻璃培养管（6 mm×50 mm）

4. O 形环和软木塞

5. 泡沫浮漂

6. 塑料冻存管

7. 二甲基亚砜(DMSO)

8. 羟乙基淀粉(HES)或淀粉,20% W/V HES 溶液

9. 内皮细胞培养基

10. 甲醇

11. 液氮

12. 金属长钳

13. 聚苯乙烯泡沫桶(装水浴和液氮)

安全提示

1. 谨慎处理液氮。必须使用专为低温生物学用途设计的特殊容器,通常为双壁压力容器。搬运液氮罐时应使用稳定的四轮手推车。聚苯乙烯泡沫塑料箱必须有足够壁厚且不能密封以防止压力突然增大发生爆炸。暴露在极低的液氮温度下(-196 ℃)会导致冻伤甚至窒息,因为氮气能够取代空气中的氧气。当在液氮罐中或杜瓦瓶中操作 LN_2 时,请穿戴厚实宽松的防护手套、护目镜和全面罩、实验袍、长裤和闭趾鞋。使用 LN_2 的实验应在通风良好的区域进行。如果发生 LN_2 溢出或泄漏,应隔离该区域,并尽可能切断泄漏源,使区域通风或将暴露人员转移到新鲜空气中。如果皮肤接触,将皮肤浸入循环温水(37.8~43.3 ℃)中,但不要使用干燥的加热方式。

2. 甲醇易燃,应远离明火或其他火源并储存在指定的易燃溶剂储存柜中。低温浴不使用时要盖好。甲醇是有毒的,如有皮肤接触,请用大量清水冲洗;如有吸入,请将暴露人员移至通风处。基本个人防护装备(手套、护目镜、实验袍、长裤和闭趾鞋)是必需的。

3. DMSO 是一种可燃液体,可能会对皮肤、眼睛和呼吸道造成刺激。它很容易穿透皮肤,并可能携带其他溶解物质进入身体。穿戴基本的个人防护装备;如果皮肤接触,请用大量的水清洗。

4. 玻璃器皿破裂时可能造成割伤或撕裂。使用前检查玻璃器皿是否有裂缝。一定要戴手套和护目镜。当将玻璃管从 LN_2 转移到37 ℃的水浴时,松开软木塞以缓解压力积聚,并在一臂的距离内进行操作,远离面部。

5. 水浴可能被细菌和/或真菌污染。在实验室日常维护中添加抗菌和抗真菌滴剂,并始终佩戴手套。

6. 甲醇浴、水浴、热电偶为电气设备,可能造成使用者触电。需要执行电气安

全预防措施。

步骤

准备细胞

注:细胞可以从组织中分离或直接购买。如果购买一般拿到的是冷冻保存的细胞,通常需要按要求解冻,并根据制造商的说明使用推荐的培养基和其他试剂培养。从组织中分离的细胞通常也在冷冻保存之前进行培养。根据细胞类型,遵循培养密度和传代建议。

1. 使用胰蛋白酶消化前,在相差显微镜下检查细胞,确保细胞达到适当的密度。

2. 在细胞处于早期传代并具有健康生长细胞的典型形态时,冷冻保存细胞。过度生长和传代晚期的细胞接近衰老,不建议冷冻保存。

3. 从细胞悬浮液中取样,使用库尔特计数器/细胞分析仪或血细胞计对细胞进行计数。使用培养基将细胞密度稀释至$(1\sim2)\times10^6$个/mL。必要时在室温下$200g$离心5分钟,将细胞浓缩,去除上清,加入适量培养基到指定浓度,轻轻吹打细胞重悬。

4. 细胞悬浮液可以暂时保存在冰水浴中,防止细胞结块。

准备冷冻保护液

注:DMSO和HES是以最终溶液的两倍浓度制备的,因为它们在与等体积的细胞悬浮液混合后浓度被稀释成了原来的1/2。由于体积测量与温度有关,因此采用保护剂各个组分的重量比来配置。

使用HES粉末

1. 称取5 mL培养基加入50 mL锥形管中。

2. 加入约0.6 mL DMSO(约0.66 g,假设室温下密度为1.1 g/mL)并记录重量。

3. 加入约0.75 g HES。

4. 计算DMSO的重量百分比(应接近10%)和HES的重量百分比(应接近12%)。

5. 将试管浸入37℃水浴中,偶尔振荡使HES溶解。一旦完全溶解,将试管转移到冰水浴中。

使用淀粉溶液

由Bristol-Myers Squibb提供并在我们的文献1和2中使用的HES已经停

产,作为替代方案,我们选择了商用的淀粉保护液(20% W/V)。为了配置含 10% DMSO 和 12% 淀粉的保护液,需要准备:2 mL 培养基、0.6 mL DMSO 和 3.75 mL淀粉保护液,记录每次添加后的重量。吹打混匀后,计算质量百分比。

保护剂添加

1. 称取等体积的细胞悬浮液和冷冻保护液。计算最终混合物中 DMSO(应接近 5%)和 HES 的重量百分比(应接近 6%)。

2. 轻轻吹打,将细胞和冷冻保护剂混合。将细胞冷冻保护剂混合物放在冰水浴中 15 分钟,使 DMSO 渗透到细胞内。

冷冻

使用甲醇浴进行程序降温

1. 将可编程甲醇冷却浴设置为 $-5\,℃$,混合速率约为 70 r/min,复温速率为 $1\,℃/min$。启动温度数据采集程序,记录甲醇浴中的实际温度。保障足够的时间使浴液温度达到 $-5\,℃$。

2. 在玻璃培养管中加入 $200\,\mu L$ 的细胞-冷冻保护剂悬浮液(用 O 形环使其置于甲醇浴中的聚苯乙烯泡沫浮漂上),并用软木塞盖上。

3. 将培养管置于甲醇浴中,在 $-5\,℃$ 下平衡 2 分钟。

4. 使用液氮冷却的金属钳触碰管壁种冰,并保持在 $-5\,℃$ 下 3 分钟以释放相变潜热。

5. 设置甲醇浴温度为 $-50\,℃$,控制降温速率在 $1\,℃/min$ 至 $-35\,℃$ 左右(参见下面的备选冷冻程序)。

6. 一旦达到目标温度,将培养管转移到 LN_2 中。

备选冷冻程序

如果没有可编程的甲醇低温浴或程序降温仪,我们建议将 1 mL 细胞悬浮液(5% DMSO 和 6% HES)在冻存管(1.8 mL)中进行冷冻。冻存管置于聚苯乙烯管架并放到 $-80\,℃$ 冰箱中。我们验证过这样降温的降温速率大概为 $1.4\pm0.3\,℃/min$。隔夜后将冻存管转移到液氮中长期储存。在经过至少 8 个月的储存后,我们发现解冻后的活力与玻璃管中使用程序降温冷冻的样本相似。市售的冷却容器如 Mr. Frosty(ThermoFisher Scientific 公司)和 CoolCell(Corning 公司),结合了干冰储物柜,也可以提供约 $1\,℃/min$ 的降温速率。

复温

在 $37\,℃$ 的水浴中迅速解冻细胞,直到肉眼观察只剩下一小块冰。

预期结果

人脐静脉内皮细胞（HUVECs）解冻后的膜完整性通过流式细胞分析评估应为 $87.7\% \pm 0.8\%$，与新鲜、未冷冻的对照细胞归一化后相当于 94.0%。HUVECs 还应表现出管状结构的形成能力，这是一项血管生成的体外实验。猪角膜内皮细胞解冻后的膜完整性应接近 85%。

参考文献

Marquez-Curtis，L. A.，L. E. McGann，and J. A. W Elliott. 2017. Expansion and cryopreservation of porcine and human corneal endothelial cells. *Cryobiology*.

Marquez-Curtis，L. A.，A. B. Sultani，L. E. McGann，J. A. W. Elliott. 2016. Beyond membrane integrity：Assessing the functionality of human umbilical vein endothelial cells after cryopreservation. *Cryobiology*. 72(3)：183-190.

Sultani A. B.，L. A. Marquez-Curtis，J. A. W. Elliott，L. E. McGann. 2016. Improved cryopreservation of human umbilical vein endothelial cells：A systematic approach. *Sci Rep*. 6：34393.

2　全血中外周血单核细胞的冷冻保存

原理

外周血单核细胞(Peripheral Blood Mononuclear Cells，PBMC)是指存在于外周血中的任何圆形有核细胞,细胞类型包括淋巴细胞和白细胞,它们在人体多个系统中发挥关键作用。近几十年来,基础生命科学在很大程度上依赖于 PBMC 的使用,推动了研究中的多项功能分析。

在围绕 PBMC 的科学研究中,第一种也是最常见的实验方法是使用密度梯度离心来分离全血中的 PBMC。首先添加(在上或在下)密度梯度溶液(如 Ficoll-Hypaque),经过一段时间离心后,理想状态下可以清楚地观察到 PBMC 分层,最后再小心地将细胞分离出来。现代 PBMC 分离技术的进展为全血加工提供了新方法,例如使用 SepMates ©(StemCell Technologies，Vancouver，British Columbia，Canada)。与传统方法相比,该方法拥有更高的通量和更高的标准。

方案 1　直接通过 Ficoll-Hypaque 分离 PBMC

仪器

1. 台式离心机(Allegra X-15R，Beckman Coulter)
2. 基于 Tali 成像的血细胞计数器(Invitrogen)
3. 移液枪(Drummond)
4. P200 微量移液器(Rainin)

耗材

1. 绿帽肝素抗凝管(Fisher，367874)
2. 1.8 mL 冻存管(Fisher，375418)
3. 50 mL 锥形离心管(Fisher，352070)
4. 无菌 P200 移液器吸头(Rainin，RT L250F)

5. Coolcell 细胞降温盒(Fisher，NC9883130)和低温冰箱

6. Tali 细胞分析玻片(Invitrogen，110794)

7. 2 mL,5 mL,10 mL,25 mL 和 50 mL 无菌移液枪头(Fisher，356507，356543，356551，356525，356550)

8. 移液吸管(Fisher，357575)

试剂

1. Ficoll-Paque PLUS 淋巴细胞分离液(Fisher，17-1440-03)

2. 不含钙、镁离子的 PBS 缓冲液(Invitrogen，10010-049)

3. 人 AB 型血清(Valley Biomedical，HP1022)

4. 二甲基亚砜(DMSO)(Sigma-Aldrich，D8418-500ML)

5. 冷冻液(参见附录)

步骤

1. 如果在 PBMC 分离前需要保留血浆,请参考 HIMC 的血浆分离标准操作程序(SOP)。

2. 用移液器将 15 mL Ficoll 移入新的 50 mL 离心管(A)中。

3. 使用绿帽肝素抗凝管采集受试者全血。

4. 用 PBS 在新的 50 mL 锥形管中以 1∶1 稀释全血(注意,如果已经从步骤 1 中分离出血浆,则忽略此步骤)。

5. 沿着管壁将肝素化的全血缓慢地加入 50 mL 离心管(A)中,置于 Ficoll 溶液上层。向离心管中加入稀释后的血液不超过 35 mL。如有必要,将样本分成两个离心管。

6. 将离心管在离心机中以 800g 离心 20 分钟,关闭制动。

7. 从离心机中小心地取出离心管。

8. 用移液枪小心地将白膜层转移至新的 50 mL 离心管(B)。注意不要吸到白膜层下方的细胞层。

如果需要保留粒细胞就不要扔掉离心管中血液与 Ficoll 溶液的混合物,参照 HIMC 的粒细胞分离 SOP。

9. 向 50 mL 离心管(B)中加入 PBS 至 50 mL。

10. 将 PBMC 在 250g 离心 10 分钟。

11. 抽吸上清液,将细胞重悬于 48 mL PBS 中。

12. 使用 Tali 计数器(或实验室首选的细胞计数方法)计数细胞。

(1) 在 Tali 载玻片上加入 25 μL 细胞悬液。

　　(2) 选择"快速计数"选项和"立即命名"。

　　(3) 用样本 ID 命名数据。

　　(4) 按照玻片上的箭头方向将拨片插入 Tali 计数器中。

　　(5) 按下"插入新样本"按钮。

　　(6) 对焦图像,使能够清晰地看到细胞明确的边界。

　　(7) 按下"运行样本"按钮。

　　(8) 计数后,将细胞大小设置为"5 μm－15 μm"(这只需要对当天的第一个样本进行设置)。

　　(9) 用细胞数/毫升乘以细胞悬浮液的总体积计算总细胞数。例如:3.45×10^5 cells/mL$\times 48$ mL$= 1.656 \times 10^7$ 个细胞。

　　13. 离心管在 250g 离心 10 分钟。

　　根据细胞总数,计算所需的冻存管数量和总的冷冻保护液体积。

　　(1) 用低温标签标记适当数量的冻存管,并放置在 4 ℃ 低温冰箱中预冷至少 10 分钟。

　　(2) 准备等量冷冻保护液 A 和 B,其总体积应该等于计算所得的总的保护液体积。

　　14. 去除上清。

　　15. 添加冷冻保护液 A 并重悬细胞,其体积等于所需冷冻保护液总体积的一半。

　　16. 在转动样本的同时,使用滴定技术(1 滴/秒)加入另外一半体积的冷冻保护液 B。

　　17. 将添加完保护液的细胞悬浮液按照 1 mL 体积分装到冻存管中。

　　18. 将冻存管放入冻存盒,置于－80 ℃ 冰柜中保存 24 小时。

　　19. 在此之后,直接将 PBMC 冻存管放入液氮(LN$_2$)中长期储存。

方案 2　使用 SEPMATES 分离 PBMC

仪器

　　1. 台式离心机(Allegra X-15R,Beckman Coulter)

　　2. Tali 成像型多色细胞分析仪(Invitrogen)

　　3. 移液枪(Drummond)

　　4. P200 微量移液器(Rainin)

耗材

1. 绿帽肝素抗凝管（Fisher，367874）

2. 1.8 mL 冻存管（Fisher，375418）

3. 50 mL 离心管（Fisher，352070）

4. 50 mL SepMate 梯度离心管（StemCell，15450）

5. 15 mL SepMate 梯度离心管（StemCell，15415）

6. 无菌 P200 移液器吸头（Rainin，RT L250F）

7. CoolCell 细胞降温盒（Fisher，NC9883130）和低温冰箱

8. Tali 细胞分析玻片（Invitrogen，110794）

9. 2 mL，5 mL，10 mL，25 mL 和 50 mL 无菌移液枪头（Fisher，356507，356543，356551，356525，356550 ）

试剂

1. Ficoll-Paque PLUS 淋巴细胞分离液（Fisher，17-1440-03）

2. 不含钙、镁离子的 PBS 缓冲液（Invitrogen，10010-049）

3. 人 AB 型血清（Valley Biomedical，HP1022）

4. 二甲基亚砜（DMSO）（Sigma-Aldrich，D8418-500ML）

5. 冷冻液（参见附录）

步骤

1. 如果在 PBMC 分离前需要保留血浆，请参考 HIMC 的血浆分离 SOP。

2. 用移液器将 15 mL Ficoll 移入 50 mL SepMate 离心管的中心孔中。
如果全血少于 5 mL，使用 15 mL SepMate 离心管和 4.5 mL Ficoll。

3. 在一个 50 mL 的离心管中，测量肝素化全血的体积，并加入等体积的 PBS（注意，如果从步骤 1 中已经分离出血浆，则忽略此步骤）。

4. 用移液管将血液顺着管壁转移到 50 mL SepMate 离心管中。

（1）加血液不超过 34 mL（全血不超过 17 mL）。

（2）如果用 15 mL SepMate 离心管，则加入不超过 10 mL 的血液（不超过 5 mL的全血）。

5. 在 $1200g$ 上离心 10 分钟，打开制动器。

6. 翻转管子（不超过 2 秒），将血浆和 PBMC 倒入一个新的 50 mL 离心管中。

7. 向离心管中加入 PBS 至 50 mL。

8. 将 PBMC 在 $250g$ 离心 10 分钟。

9. 去除上清液,将细胞重悬于 48 mL PBS 中。

10. 使用 Tali 计数器(或实验室首选的细胞计数方法)计数细胞。

(1) 在 Tali 载玻片上加入 25 μL 细胞悬液。

(2) 选择"快速计数"选项和"立即命名"。

(3) 用样本 ID 标记数据。

(4) 按照玻片上的箭头将玻片插入 Tali 计数器中。

(5) 按下"插入新样本"按钮。

(6) 对焦图像,使能够清晰地看到细胞明确的边界。

(7) 按下"运行样本"按钮。

(8) 计数后,将细胞大小设置为"5 μm - 15 μm"(这只需要对当天的第一个样本进行)。

(9) 用细胞数/毫升乘以细胞悬浮液的总体积计算总细胞数。例如:3.45×10^5 cells/mL $\times$ 48 mL $= 1.656 \times 10^7$ 个细胞。

11. 离心管在 250g 离心 10 分钟。

根据细胞总数,计算所需的冻存管数量和总的冷冻保护液体积。

(1) 用低温标签标记适当数量的冻存管,并放置在 4 ℃ 低温冰箱中预冷至少 10 分钟。

(2) 准备等量冷冻保护液 A 和 B,其总体积应该等于计算所得的总的保护液体积。

12. 去除上清。

13. 添加冷冻保护液 A 并重悬细胞,其体积等于所需冷冻保护液总体积的一半。

14. 在转动样本的同时,使用滴定技术(1 滴/秒)加入另外一半体积的冷冻保护液 B。

15. 将添加完保护液的细胞悬浮液按照 1 mL 体积分装到冻存管中。

16. 将冻存管放入冻存盒,置于 -80 ℃ 冰柜中保存 24 小时。

17. 在此之后,直接将 PBMC 冻存管放入液氮(LN₂)中长期储存。

附录　人 AB 血清冷冻液

耗材

1. 50 mL 离心管(Fisher,352070)

2. 0.2 μm 过滤器(Fisher,SCGPU02RE)

3. 15 mL 离心管(Fisher，1495949B)

4. 2 mL, 5 mL, 10 mL, 25 mL 和 50 mL 无菌移液器(Fisher 356507，356543，356551，356525，356550)

仪器

1. 移液枪(Drummond)
2. 水浴锅

试剂

1. 人 AB 型血清(Valley Biomedical，HP1022)
2. DMSO(Sigma-Aldrich，D8418-500ML)

步骤

1. 解冻一瓶人 AB 型血清。

2. 设置水浴温度为 56 ℃。

3. 将过滤装置连接在生物安全柜内的真空管道上,将血清倒入过滤装置中,并进行过滤,直至所有培养基均被过滤。

如果过滤器堵塞,可能需要第二个过滤器。

4. 在 50 mL 离心管中,配制两份 30 mL 的血清和两份 20 mL 的血清。

5. 将离心管置于 56 ℃ 水浴中加热,灭活 30 分钟,每 5～10 分钟旋转一次离心管。

6. 当血清在水浴中时,准备 15 mL 的离心管,标记为"A"或"B"。

7. 从水浴中取出血清,让含有 20 mL 血清的离心管自然降温。

8. 冷冻液 A——100% 人 AB 型血清。

将血清从 30 mL 离心管(2 支)分装到 15 mL 离心管中,每管 5 mL,共 12 管。

9. 冷冻液 B——80% 人 AB 型血清 + 20% DMSO。

(1) 在冷却的血清中加入 5 mL DMSO(5 + 20，20%)。

① 逐滴加入,防止沉淀。

② 过程中加盖翻转几次有助于防止沉淀。

(2) 将血清分装到 15 mL 离心管,每管 5 mL,共 10 管。

10. 将所有等分的保护液放入 - 20 ℃ 的冰箱中保存。需要保存细胞时解冻使用,不要反复冻融。

3　人脂肪干细胞的冷冻保存

原理

脂肪干细胞(ASCs)存在于脂肪组织的间质部分,通过临床中的吸脂手术很容易大量获取,在细胞治疗和组织工程方面具有很大的前景。下面描述的方案是一种明确的无异源蛋白的冷冻保存方法(Lopez et al.,2016)。

仪器与耗材

为了完成整个保存程序,除了实验室常规设备和工具外,还需要以下仪器:

1. 生物安全柜
2. 程序降温仪
3. NALGENE © Mr. Frosty 冻存盒(cat no.5100-0036)或类似的 1 ℃/min 降温容器
4. 高压灭菌锅
5. 护目镜
6. 超低温手套(面罩或护目镜)
7. 双脉冲热封机(American International Electric,Inc)
8. 外科工具(如剪刀、手术刀、镊子等)
9. 低尘擦拭纸
10. 液氮
11. 液氮杜瓦瓶
12. 50 mL 无菌离心管(Nunc,cat. no. 339652 或其他相同产品)
13. 20 mL 无菌离心管(Nunc,cat. no. 339650 或其他相同产品)
14. 冻存管(Nalgene,cat. no. 5000-0020 或其他相同产品)
15. 冷冻麦管,0.5 mL(TS Scientific,cat. no. TS202 或其他相同产品)
16. Falcon 40-μm 细胞过滤器(Becton Dickinson,cat. no. 35236 或其他相同产品)
17. MidiMACS 分离器(cat. no. 130-042-302,Miltenyi Biotec)

18. MACS LD 分选柱(cat. no. 130-042-901, Miltenyi Biotec)

19. MACS 抗 FITC 磁珠(cat. no. 130-048-701, Miltenyi Biotec)

试剂和溶液

1. Hank's 平衡盐溶液,含 1.26 mmol/L 钙和 0.90 mmol/L 镁,不含酚红 (HBSS,Gibco,cat. no. 14025-050 或其他相同产品)

2. Dulbecco's 无钙无镁磷酸盐缓冲盐(DPBS-,Gibco,cat. no. 14190-144)

3. EDTA(Gibco,cat. no. 15040-066 或其他相同产品)

4. 重组胰蛋白酶 EDTA 溶液(Biological Industries,cat. no. 03-079-1C 或 其他相同产品)

5. 胰蛋白酶抑制剂(Sigma,cat. no. T7659 或其他相同产品)

6. I 型胶原酶 A (Sigma-Aldrich,cat. no. C-0130)[①]

7. Ficoll-Paque Premium 1.073 (GE Healthcare,cat. no. 17-5442-52 或其 他相同产品)

8. 100× 双抗的混合液(Gibco,cat. no. 15240062 或其他相同产品)

9. 100× 谷氨酰胺溶液(Gibco,cat. no. 35050-061 或其他相同产品)

10. 100× 非必需氨基酸(NEAA,Gibco,cat. no. 11140-050 或其他相同 产品)

11. 50× 必需氨基酸(EAA,Gibco,cat. no. 11130-051 或其他相同产品)

12. EDTA 四钠(EDTA,Sigma,cat. no. E6511 或其他相同产品)

13. EGTA (EGTA,Fluka,cat. no. 03778 或其他相同产品)

14. 二甲基亚砜(DMSO,Sigma,cat. no. D8418 或其他相同产品)

15. 乙二醇(EG,Fluka,cat. no. 03750 或其他相同产品)

16. 海藻糖(Sigma,cat. no. T9531 或其他相同产品)

17. Ficoll (Sigma,cat. no. F2878 或其他相同产品)

18. 聚乙烯醇(PVA,Sigma,cat. no. P8136 或其他相同产品)

19. 谷胱甘肽(Sigma,cat. no. G4251 或其他相同产品)

20. L-抗坏血酸 2-磷酸镁盐(Wako,cat. no. 013-12061 或其他相同产品)

21. 70% 乙醇

22. CD45-FITC 人单克隆抗体(cat. no. 130-080-202,Miltenyi Biotec)

23. CD31 FITC 重组人抗体(cat. no. 130-110-806,Miltenyi Biotec)

24. 分选柱缓冲液:DPBS(pH 7.2),含 0.5% PVA 和 2 mmol/L EDTA

---

① GMP 级胶原酶可用于临床(例如 Serva collagenase NB 6,cat. no. 17458)。

25. Leibovitz's L-15 培养基(Gibco，cat. no. 11415-064 或其他相同产品)

26. CTS Knockout Dulbecco 改良 Eagle's medium/Ham's F-12 混合物(DMEM/F-12,Gibco，cat. no. A13708-01 或其他相同产品)

27. DMEM/F-12，HEPES (Gibco，cat. no. 11330032 或其他相同产品)

28. 50%(W/V)胶原酶原液(0.5 g/mL)：称取 1 g Ⅰ型胶原酶,溶解于 2 mL 含钙和镁的 HBSS 中。使用 0.2 μm 过滤器进行无菌过滤,分装到无菌微离心管中,保存在 -20 ℃ 或以下

29. 1000×(0.1 mol/L) EDTA 原液：将 0.42 g EDTA 四钠盐溶解于 10 mL DPBS 中,用 0.2 μm 过滤器无菌过滤,4 ℃ 保存。

30. 红细胞裂解液：将 155 mmol/L NH_4Cl (Sigma)，10 mmol/L $KHCO_3$ (Sigma)和 1 mmol/L EDTA 溶解在超纯水(pH 7.3)中制备,并通过 2 μm 聚醚砜膜过滤器过滤灭菌

31. 含有 0.03% PVA 的 HBSS：将 0.03 g PVA 溶解在含有钙和镁的 HBSS 中(Gibco，cat. no. 14025-050)，使用 0.2 μm 过滤器过滤,并保存在 4 ℃

32. 无外源蛋白、无渗透型保护剂的冷冻保护液：将 3 mmol/L 还原型谷胱甘肽、5 mmol/L 抗坏血酸 2-磷酸、0.25 mol/L 海藻糖、2% PVA、5% Ficoll 和 0.1 mmol/L EGTA 添加到 HEPES 缓冲的 DMEM/F-12 中,并使用 0.2 μm 膜过滤器进行过滤

33. 含有 2 种渗透型保护剂无外源蛋白的冷冻保护液[①]：将 10% DMSO，10% EG，3 mmol/L 还原型谷胱甘肽,5 mmol/L 抗坏血酸 2-磷酸,0.25 mmol/L 海藻糖,2% PVA，5% Ficoll 和 0.1 mmol/L EGTA 添加到 HEPES 缓冲的 DMEM/F-12 中,并使用 0.2 μm 过滤器进行过滤

步骤

从脂肪组织提取物中分离人 ASCs[②]：

1. 穿戴合适的个人防护装备,取出样本容器,喷洒酒精,放置于生物安全

---

① 为了减少渗透压力,建议首先将细胞颗粒重悬在不含渗透性冷冻保护剂的冻存液母液中,然后逐滴添加 2×渗透型冷冻保护剂冻存液,最终的冻存液由 5% DMSO，5% EG，3 mmol/L 还原型谷胱甘肽,5 mmol/L 抗坏血酸 2-磷酸,0.25 mol/L 海藻糖,2% PVA，5% Ficoll 和 0.1 mmol/L EGTA 在 HEPES 缓冲的 DMEM/F-12 中组成。

② 处理人体组织和细胞：所有处理人体细胞和组织的工作都应按照生物安全 2 级(BSL-2)规范进行。有必要获得机构生物安全委员会的批准,并根据 BSL-2 的指导方针制定标准操作程序。在使用这些材料时,必须非常小心,以避免产生气溶胶的溢出和飞溅。应假定所有直接接触这些材料的设备和装置上都有病原体。所有人体材料应在丢弃前高压灭菌或消毒。

罩下。

2. 取适量脂肪组织提取物转移到一个新的无菌容器中,并用等量的含有 1×双抗的温HBSS清洗 3～4 次,去除多余的血细胞。剧烈振荡容器几次后,等待 3～5 分钟观察到相分离,脂肪组织将漂浮在含有血细胞的 HBSS 之上。用 50 mL 移液管小心去除 HBSS,重复洗涤组织几次,直至 HBSS 澄清。

3. 在酶消化之前,从 50%的胶原酶原液中制备稀释的胶原酶溶液(胶原酶的最终工作浓度为 0.1%)。通常,所需酶溶液的体积是脂肪组织提取物体积的一半。例如,如果提取物为 20 mL,将 60 μL 胶原酶原液稀释在含有普通钙、镁浓度和 0.03% PVA 的 10 mL HBSS 中。接下来,将稀释后的胶原酶溶液加入洗涤后的提取物中,使其最终浓度达到 0.1%,用力摇动瓶子进行混合。

4. 将提取物容器置于 37 ℃的振荡水浴中,以大约 75 r/min 的速率浸泡 40～60 分钟,直到脂肪组织看起来呈光滑形态。

5. 在胶原酶处理期间,将 4 mL 的 Ficoll-Paque Premium 1.073 加入 15 mL 的管中①,制备 Ficoll-Paque 梯度溶液。梯度溶液使用前必须在室温下平衡。

6. 消化后,将提取物容器移入生物安全罩,加入 0.1 mol/L EDTA 原液至终浓度为 0.1 μmol/L,终止消化。接下来,通过 1 mm 孔径的无菌筛网将消化的提取物过滤到50 mL离心管中。②

7. 在室温下,以 300g 离心样本 5 分钟。结束后剧烈振动离心管使细胞分散。这样做是为了完成基质细胞与原代脂肪细胞的分离。

8. 重复离心,仔细去除最上层的油脂、原代脂肪细胞(一层黄色的漂浮细胞)和下层的胶原酶溶液。在细胞团上方留下少量溶液,使基质血管部分(SVF)的细胞不受干扰。细胞颗粒通常包括一层深红色的血细胞,呈红色/粉红色。

9. 将细胞团重悬在 20 mL 含有双抗的 HBSS 中,在 300g 下离心 5 分钟。

10. 在不干扰细胞团的情况下去除上清。③

11. 为了去除红细胞,将细胞颗粒重悬在 20 mL 红细胞裂解液中,室温孵育 10 分钟。

12. 在 300g 下离心 10 分钟,去除细胞裂解液。

13. 在 HBSS 中重悬 SVF,并通过 40 μm 细胞过滤器。

14. 调整细胞悬液的体积,使每个 Ficoll-Paque 梯度管接收 9 mL 细胞悬液

---

① 为了优先分离间充质干细胞,建议使用 Ficoll-Paque Premium 1.073 进行密度梯度分离,尽管其他配方也给出了令人满意的结果。

② 为了避免脂肪提取物溢出,可以将带有 1 mm 孔的金属筛放在无菌漏斗上,然后将无菌漏斗放置在 50 mL 的离心管上。

③ 吸取时,移液器的尖端应尽量从顶部抽吸,使油尽可能彻底地被抽去。

（每个梯度的总体积为 13 mL）。

15. 将含有 4 mL Ficoll-Paque 的梯度管以 45°角缓慢加入 9 mL 细胞悬浮液形成分层。正确的分层是成功分离细胞的关键。

16. 在 400g 下离心 30 分钟。

17. 吸取在梯度界面上白色细胞带上方的 HBSS（约 8 mL）并丢弃。

18. 小心吸取白色细胞带（2～5 mL），并放到含有 25 mL HBSS 的 50 mL 离心管中。

19. 在 300g 下离心 10 分钟。

20. 重复洗涤步骤，将细胞颗粒重悬在新鲜的 HBSS 中，这是为了去除分离细胞层过程中夹带的梯度离心溶液。

21. 在 300g 下离心 10 分钟，将细胞颗粒重悬于 HBSS 中，用台盼蓝染色或类似方法测定细胞活力并计数。之后分离的细胞可以首先进行分选（可选）、冷冻保存或在体外扩增。

磁珠细胞分选（可选）

为了进一步纯化/富集 ASCs，通过密度梯度离心收集的细胞可以进行磁珠分选和阴性选择。为此，不需要的内皮细胞（CD31$^+$）和白细胞（CD45$^+$）可以首先用 FITC 偶联的 CD31 和 CD45 抗体进行标记，然后使用 MACS 抗 FITC 微珠。当使用放置在 MidiMACS 分选器上的 MACS LD 分选柱时，磁性标记的 CD31$^+$（内皮细胞）和 CD45$^+$（白细胞）保留在分选柱中，而未标记的 CD31$^-$、CD45$^-$ 的 ASCs 通过并收集在管中供后续使用。

1. 用 70% 的乙醇擦拭 MidiMACS 分选器，并将其放入罩下。

2. 将密度梯度分离收集的约 10^7 个细胞重悬于 100 μL 分选柱缓冲液中，分别加入抗 CD31-FITC 和抗 CD45-FITC 抗体 10 μL，在 4 ℃下孵育 1 分钟。

3. 加入 2 mL 分选柱缓冲液后，去除未结合抗体，随后在 300g 下离心 10 分钟。

4. 将细胞颗粒重悬于 90 μL 分选柱缓冲液中，加入 10 μL MACS 抗 FITC 磁性微珠，4 ℃孵育 15 分钟。

5. 加入 2 mL 分选柱缓冲液后，去除未结合的微珠，随后在 300g 下 4 ℃离心 10 分钟。

6. 将细胞颗粒重悬于 500 μL 分选柱缓冲液中，将每个细胞颗粒放置在 MidiMACS 分选器上的 MACS LD 分选柱上。

7. 用 2 mL 分选柱缓冲液洗涤每个分选柱。

8. 用移液枪将细胞悬浮液分别加入分选柱中，并将未标记的细胞收集到

15 mL的管中。

9. 在每个分选柱中加入1 mL分选柱缓冲液,洗掉所有未标记的细胞。

冷冻保存

程序降温仪冷冻保存人 ASCs[①]:

1. 提前准备冻存液,避光4 ℃保存,可以维持2周。因此建议配置小剂量的冻存液。

2. 将以下ASC降温程序输入程序降温仪:

步骤1:从室温快速(10 ℃/min 或 20 ℃/min)冷却至起始温度(即0 ℃)。

步骤2:保持在0 ℃,直到样本被引入,程序开始。

步骤3:以2 ℃/min的降温速率冷却至−7 ℃。

步骤4:温度保持2分钟,然后在−7 ℃下手动种冰。

步骤5:在−7 ℃下保持10分钟。

步骤6:以1 ℃/min冷却至−70 ℃,并保持在−70 ℃,直到将样本转移到液氮中。

3. 在无菌罩下给冻存管或冷冻麦管贴上标签。[②]

4. 打开液氮管道阀门,打开程序降温仪,运行ASC冷冻保存程序,将腔室预冷却至起始温度。

5. 当体外培养ASCs达到80%的细胞密度时使用胰酶消化。首先去除培养基加入EDTA溶液,加入适当体积的胰蛋白酶-EDTA溶液。显微镜下观察细胞的消化情况,不要等到细胞完全脱离培养皿再终止消化,这一过程中可以适当晃动培养皿加速消化过程。约10分钟后,加入等量的大豆胰蛋白酶抑制剂使胰蛋白酶失活消化停止,轻轻吹打使细胞完全分散开。最后,将细胞悬液转移到离心管中,在300g下离心10分钟。

6. 去除上清,将ASC颗粒重悬在不含渗透型冷冻保护剂的无外源蛋白的冻

---

① 使用程序降温仪可以更好地控制降温和复温速率。更重要的是程序降温仪可以在接近溶液结晶温度时人工种冰。另外,使用 Mr. Frosty 冻存盒并放入−80 ℃冰柜中也可以近似达到1 ℃/min 的降温速率,我们也使用该方法获得了令人满意的人造血干细胞的冻存效果。Mr. Frosty 冻存盒需要用 250 mL 异丙醇进行填充,并确保在转入−80 ℃冷冻腔室之前处于室温,这一点很重要。隔夜冷却至−80 ℃后,将样本转移到液氮中。当使用 Mr. Frosty 或类似的 1 ℃/min 冷冻容器时,细胞外冰在随机温度下自发形成,这给冷冻结果带来了可变性。

② 为保持无菌,请勿从包装袋中取出麦管。只打开棉花那一端的袋口,并只在这一段贴标签。与冻存管相比,麦管易于种冰操作,更适合小体积(每根麦管 0.3~0.5 mL 细胞悬浮液)细胞悬浮液的冷冻保存。尽管如此,使用在麦管和冻存管冷冻保存 ASCs 后,获得了相似的细胞存活率(Lopez et al.,2016)。

存液中。进行细胞计数并在300g下离心10分钟。

7. 去除上清,将 ASC 颗粒重悬在新鲜的不含渗透型冷冻保护剂的无外源蛋白的母液中。

8. 加入等量的含有2×渗透性 CPA 的无外源蛋白的冻存液,同时摇晃管子,轻轻混合细胞悬液(最终渗透冷冻保护剂浓度:5% DMSO 和5% EG)。

9. 将细胞与冷冻保护液在室温下平衡10分钟,并在平衡期间按照下面的说明将细胞装入0.5 mL 的麦管或冻存管中。

10. 将细胞悬浮液轻轻混合,在无菌罩下按照以下步骤将细胞装入麦管中:

(1) 通过硅胶软管将1 mL 注射器连接到0.5 mL 麦管的一端(塞有棉花)。

(2) 吸入1 cm 长冻存液。

(3) 吸入1 cm 长空气。

(4) 吸入7~8 cm 长细胞悬浮液。

(5) 最后,抽吸2~3 cm 长空气。这将导致最开始的1 cm 冻存液与棉花触碰浸湿。

(6) 用双脉冲热封机将麦管两端封口。

当使用冻存管时,向每个冻存管加入1 mL 细胞悬浮液。

11. 当平衡时间结束时,在每个样本架中放置两根麦管(或冻存管),将样本架置于程序降温仪并启动冷冻程序,将样本从0 ℃冷却到结晶温度(−7 ℃)。当程序运行时,将一个泡沫塑料杯装满 LN$_2$,用于预冷镊子进行种冰。[1]

12. 当降温达到−7 ℃并维持该温度时,通过将预冷的镊子触摸到每个麦管的末端(或管壁)来诱导细胞外结冰。

13. 重新启动冷却程序以完成后续步骤。

14. 冷却至−70 ℃后,在不提高样本温度的情况下将样本支架放入液氮中。

15. 结束冷却程序,并在关闭机器前让机器温度恢复到室温。

解冻人 ASCs[2]

1. 麦管中 ASCs 的解冻。

(1) 从 LN$_2$ 中取出麦管,在无菌罩下将麦管水平放置于擦拭纸上,在室温下解冻约3分钟。

(2) 用70%乙醇擦拭麦管外部,无菌地切断两端。

---

① 操作液氮时要格外小心,直接接触液氮或触碰到液氮蒸汽可能会导致严重的冻伤。

② 在之前的研究中,我们比较了麦管冷冻保存 ASCs 后在空气(室温下)和在37 ℃水浴中解冻的情况。结果发现细胞存活率和贴壁效率方面无显著差异(Lopez et al.,2016)。尽管如此,我们仍推荐在37 ℃的水浴中解冻冻存管。

（3）用钝的长针推动棉花末端，将细胞释放到 15 mL 的管子中。

2. 冻存管中 ASCs 的解冻。

（1）从 LN_2 中取出冻存管，在空气中保持 20 秒。然后，将其部分浸入 37 ℃ 的水浴中并旋转直到冰融化。

（2）用 70% 乙醇擦拭冻存管外部。

（3）在生物安全柜下轻轻混合细胞悬浮液，并转移到 15 mL 离心管。

3. 为了稀释冷冻保护剂，加入等量的不含渗透冷冻保护剂的冻存液（1∶1 稀释），轻轻旋转离心管，并在室温下保持 5 分钟。

4. 重复 1∶1 稀释步骤，加入等量的不含渗透冷冻保护剂的冻存液，轻轻旋转离心管，并在室温下保持 5 分钟。

5. 在最后的稀释步骤中，加入过量的（例如 8～10 mL）HEPES 缓冲的 DMEM/F-12，轻轻混合，等待 5 分钟。

6. 300g 离心 10 分钟得到 ASCs 颗粒。

7. 去除上清，在合适的培养基中重悬 ASCs，测定细胞数量和活力。

参考文献

Lopez，M.，R. J. Bollag，J. C. Yu，C. M. Isales，and A. Eroglu. 2016. "Chemically defined and xeno-free cryopreservation of human adipose-derived stem cells." *PLoS One* 11 (3)：e0152161.

4　红细胞的冷冻保存

方法 1　高甘油慢冻法(Meryman，Hornblower，1972)

浓缩红细胞的制备

根据血库的标准化操作可以从全血中制备红细胞。保存在 CPD 溶液(柠檬酸盐/磷酸盐缓冲液＋含葡萄糖的全血/红细胞抗凝保护液)或 CPD-A1(含腺嘌呤)溶液中的红细胞在冷冻前可在 1～6 ℃下保存 6 天。也可以使用 AS-1 和 AS-S 保存红细胞,两者都是含有葡萄糖和腺嘌呤的红细胞保存液,后者(含有柠檬酸盐/磷酸盐缓冲液)可以于冷冻前在 1～6 ℃下储存红细胞长达 42 天。过期的红细胞可以在原有效期限后 3 天内进行冷冻处理。使用任何保存液的红细胞在打开包装后的 24 小时内必须进行冷冻操作,细胞和血袋的总质量应在 260～400 g 之间。重量过轻的红细胞单位可以通过加入等渗盐水或去除比平时少的血浆来调整到大约 300 g。

加入冷冻保护液

将红细胞和 6.2 mol/L 的乳酸甘油溶液置于干燥的温室中 10～15 分钟或在室温下放置 1～2 小时,使其温度达到至少 25 ℃,否则可能无法达到红细胞保存所需的细胞内甘油浓度。注意其他物种(如牛或犬)的红细胞可能对温度有不同的依赖性但温度不能超过 42 ℃,否则可能发生溶血(参考人红细胞的情况)。将红细胞容器放在摇床上,加入约 100 mL 甘油溶液(6.2 mol/L 乳酸甘油溶液),过程中轻轻摇动红细胞。所有转移过程中都应该使用无菌接管或血浆转移装置。关闭摇床让细胞平衡 5～30 分钟。让部分甘油化的细胞在重力作用下流入冻存袋中。低温冷冻容器可由聚烯烃或聚四氟乙烯制成,这些材料的重要特性是它们在低温下的稳定性,特别是容器内的管道。逐步加入剩余的 300 mL 甘油溶液,轻轻混合。如果红细胞的体积较小,则对应加入较小体积的甘油溶液。最终甘油浓度为 40%(W/V)。将甘油化的细胞保持在 25～32 ℃的温度下直到冷冻前。一般建议红细胞从冰箱中取出到将甘油化的细胞放入冰箱冻存的间隔不应超过 12 小时。

冷冻

将甘油化的红细胞单位放在硬纸板或金属筒内,并放置在 -65 ℃ 或更低的冷柜中。降温速率应小于 10 ℃/min,但实际上这一降温速率对应的温度区间并没有明确规定。冷冻过程中不要"碰撞"或粗暴地处理细胞。虽然冷冻红细胞可以在 -65 ℃ 或更低的温度下保存,但保存时间不建议超过 10 年(或更长时间)。

解冻

解冻时,将含有冰冻红细胞的保护筒置于 37 ℃ 水浴或 37 ℃ 加热器中,轻轻搅动以加速解冻。解冻过程至少需要 10 分钟,解冻后的细胞应放置在 37 ℃ 环境中。

去除冷冻保护剂和细胞碎片

红细胞解冻后,可以使用商业仪器(如离心机)或专用洗涤设备来批量洗涤红细胞(去甘油化)。在使用专用设备(例如 Cobe Cell Processor 2991)时,严格遵循制造商的说明。对于批量洗涤,根据红细胞单位大小加入一定量的高渗氯化钠溶液(12%)稀释红细胞单位,平衡大约 5 分钟。再次用 1.6% 氯化钠洗涤,直到完全脱甘油。每个冻存红细胞单位大约需要 2 L 洗涤液。将去甘油化的红细胞用等渗的生理盐水(0.9% NaCl)和 0.2% 葡萄糖溶液重悬。如果在操作过程开放了系统进行处理,则去甘油化的红细胞在 1~6 ℃ 下保存的时间不能超过 24 小时(以输血为例)。

方法 2   低甘油快冻法(Rowe et al. , 1968)

浓缩红细胞的制备

在 ACD 溶液(柠檬酸盐缓冲液 + 含葡萄糖全血/红细胞/血小板抗凝/储存溶液,配方 ACD-A 和 ACD-B 因溶质浓度不同而区分)或 CPD 抗凝剂中收集一单位全血后,离心将血浆从细胞中去除。红细胞应在采集后尽快冷冻,最好是在 5 天之内。

冷冻保护液的添加

称量剩余的红细胞,在室温下加入等量(按重量)的甘油冷冻液,使最终浓度达到 14%(V/V)。冷冻液中含有 28%(V/V) = 35%(W/V)甘油、3% 甘露醇和

0.65%氯化钠。在室温(22 ℃)下平衡14～30分钟后,将红细胞悬浮液转移到合适的(例如聚烯烃或聚四氟乙烯)冻存袋中。传统的PVC塑料袋不能使用,因为它们在液氮(LN₂)中冷冻时会变脆并破裂。

冷冻

将冻存袋置于两块金属夹板(支架)之间,目的是保持冻存袋水平。袋子的顶部和底部被塞在下面,以保障夹板夹紧且不会戳穿冻存袋。冷冻方式是将容器完全浸入开放的液氮中完成。应使用冷冻限位器(freezer retainer)来防止容器在冷冻过程中过度膨胀。当液氮停止沸腾后,冷冻在2～3分钟内完成。该装置储存在液相或气相液氮储罐中。

解冻

从液氮中取出后,将整个单位(冻存袋和支架)直接浸入40～45 ℃的温水浴中,轻轻搅拌(约60次/分钟)并加热2.5分钟。将冻存袋从金属夹板上取下,检查是否所有的冰都消失了。如果没有,立即将袋子重新浸入解冻浴中,在温水下轻揉袋子,直到冰完全融化。

去除冷冻保护剂和细胞碎片

下一步是离心并去除含有游离血红蛋白、甘油和细胞碎片的上清,使用袋式离心机洗涤红细胞三次:第一次用300～500 mL 3.5%氯化钠在4 ℃下洗涤,最后两次用1000～2000 mL等渗盐水(或最好用含有200 mg/dL葡萄糖的0.8% NaCl)洗涤。所有洗涤液必须在室温下缓慢加入细胞中,并轻柔地混合。完成去甘油化后,红细胞可以使用添加了葡萄糖的氯化钠溶液重悬。

方法3　羟乙基淀粉快冻法(Sputtek,2007)

浓缩红细胞的制备

在血库中收集450～500 mL全血,其中CPD-A作为抗凝剂。根据血库的标准化操作去除血浆和白膜层,使用过滤法去除白细胞后,将红细胞储存在混合溶液(SAG-M:腺嘌呤、葡萄糖和甘露醇的盐溶液;PAGGS-S:磷酸缓冲液、腺嘌呤、葡萄糖、鸟嘌呤的盐溶液;AS-1;AS-3等)中。对于未去除白细胞的红细胞,必须进行5个洗涤步骤,以保证解冻后的细胞与经过3个洗涤步骤后去除白细胞的红细胞一样稳定。清除白细胞和血小板的步骤是必不可少的,因为白细胞和血小板具有很高的成栓性。这些细胞在冷冻时被破坏从而将其内容物释放到 HES/RBC 混合物中,如果没有通过过滤去除,当红细胞随后解冻并在没有解冻后洗涤的情况下回输人体时可能导致弥散性血管内凝血病。在冷冻前,白细胞耗尽的红细胞可在 $4\pm4\,℃$ 下最多保存 3 天。第一次离心 $4000g$,$4\,℃$,10 分钟,上清通过血浆提取器去除。浓缩红细胞在 333 mL 等渗盐水溶液中重悬,然后将悬浮液再次离心,离心步骤重复三次,以确保所有的添加剂溶液和血浆都被去除,并且白细胞和血小板含量最小化。去除最后的上清后,应获得体积约为 220 mL 的纯化浓缩红细胞,红细胞压积为 $85\%\pm5.0\%$。

冷冻保护液的添加

将等量的含有 23%(W/W)HES 和 60 mmol/L 氯化钠的冷冻保护液(CPS)加入纯化的浓缩 RBC 中,轻柔地混合。该 CPS 目前尚未商业化,因此可以将经过透析和冷冻干燥的 HES 与适量的氯化钠溶解在蒸馏水中自行配置。HES 粉末的供应商包括日本的 Ajinomoto 和德国的 Fresenius。输液级 HES 溶液的供应商有美国的 Baxter、德国的 Fresenius 和德国的 Serum Werk Bernburg。

分装

将两等分的 220 mL 红细胞悬液转移到两个冻存袋中。袋子必须小心地排气,并在入口热封处理。由于 CPS 和浓缩红细胞的密度非常接近(约 1.08 g/mL),因此待冷冻悬浮液中 HES 的最终浓度为 11.5%(W/W),然后将这两个冻存袋放置在铝盒中。铝盒的壁厚为 2 mm,外部粘贴有微孔纺织胶带以改善冷却过程中的液氮沸腾现象。此外,封闭的铝盒使冻存袋的形状和厚度均匀(5~6 mm)。在初始冷却过程中,液氮不允许与样本直接接触。请注意,如果使用的不是相同商品型号的冻存袋和铝盒,结果的重复性不能保证。

降温

将冻存容器(铝盒)垂直浸入开放的充满 LN_2 的杜瓦瓶中进行冷却,达到所需的降温速率约为 240 ℃/min,过程中注意使用钳子、手套和护目镜。冷却通常在 3 分钟内完成,总的操作时间并不重要但要保证容器在液氮中浸没至少 3 分钟。将可重复使用的铝盒从液氮中抬起。迅速打开并取出冻存袋。在 30 秒内将冻存袋转移到气相液氮储罐中,以避免过早解冻的风险。冻存袋必须储存在液氮罐的气相中,而不是液相中。因为只要在低于 $-130\,℃$ 的气相液氮中储存就不会发生细胞随时间而降解的现象。

解冻

复温是通过恒温振荡水浴锅完成的。为了保障复温过程的稳定性和可重复性,冻存袋必须从气相液氮中快速转移并固定到水浴锅的架子中。这个架子具有扁平的几何形状,可以有效地将水浴锅(48 ℃)的振荡频率(300 次/分钟)和振荡幅度(2 cm)传递到冻存袋中。75 秒后冻存袋内温度约为 20 ℃,此时可以立即从水浴锅的架子上取出样本。如果有第二个冻存袋,可以继续重复此步骤。

去除冷冻保护剂和细胞碎片

用 300~500 mL 等渗盐水(或最好用含 200 mg/dL 葡萄糖的 0.8% NaCl)洗涤红细胞一次,可以很容易地去除两者。请注意,只要不超过一定的量,HES 可以不需要在输血前被清除(与甘油相反)。然而,当需要去除 HES 时,可以使用冷冻离心机(4 ℃)在 4000g 下离心 10 分钟,通过血浆提取器去除上清。对于洗涤后的红细胞,可以使用添加了葡萄糖的氯化钠溶液进行重悬,也可以使用标准红细胞添加剂(SAG-M,PAGGS-S,AS-1 和 AS-3)。解冻后立即测定的完整细胞百分比不能作为一个质控指标,只能作为一个粗略的质量信息。血浆对红细胞的稳定作用可能略高于生理盐水,因为血浆中的因子可以让一些非常轻微受损的细胞恢复。HES 覆盖在红细胞表面,为受损的细胞膜提供支架,使一些细胞看起来完好无损,然而用等渗盐水稀释后它们可能会破裂。在生理盐水条件下的细胞活力可以通过以下方式确定:250 μL 红细胞悬液在等渗缓冲盐溶液中稀释 40 倍。30 分钟后,通过离心将悬浮液分离为上清(破坏的红细胞)和沉淀物(完整的红细胞)。然后使用以下公式计算盐水下的细胞活率:

$$\text{细胞活率}(\%) = \left(1 - \frac{HB_S}{HB_T}\right) \times 100\%$$

其中 HB_T 对应于总血红蛋白,HB_S 对应于上清中的血红蛋白。两种血红蛋白的浓度可以用分光光度法,使用 Drabkin 溶液在 546 nm 处进行测定。由于红细胞体积分数在稀释 40 倍后小于 2%,因此不需要对红细胞压积进行校正。

参考文献

Meryman, H. T., and M. Hornblower. 1972. "A method for freezing and washing red blood cells using a high glycerol concentration." *Transfusion* 12(3):145-156.

Rowe, A. W., E. Eyster, and A. Kellner. 1968. "Liquid nitrogen preservation of red blood cells for transfusion: a low glycerol-rapid freeze procedure." *Cryobiology* 5(2):119-128.

Sputtek, A. 2007. "Cryopreservation of red blood cells and platelets." *Methods Mol Biol* 368: 283-301.

5 卵母细胞的慢速冷冻保存

原理

卵母细胞的冷冻保存指的是冷冻女性未受精的卵子,以备未来需要时解冻、受精和胚胎移植使用。多种类型的患者可以从卵母细胞冷冻保存中受益,尤其是正在接受化疗(或其他放射性治疗)的单身女性患者,可能面临着不可逆转的卵巢功能丧失风险。这些女性希望通过卵母细胞冷冻保存来保留生育能力。还有一些接受辅助生殖技术(ART)的女性,如果对胚胎冷冻存有伦理或其他方面的顾虑,可以选择冷冻卵母细胞。

注:自 2007 年出现卵母细胞玻璃化保存技术之后,慢速冷冻方法已经不再用于卵母细胞,但是该方法仍将作为备用方法和冷冻保存卵母细胞时的参考保留在操作手册中。

样本要求

卵母细胞是通过刺激卵巢后获得的,这些卵母细胞可能是伴有第一极体排出的成熟卵母细胞;也可能处于中间阶段且没有生发泡,没有第一极体排出;或者是处于生发泡期(GV 期)的未成熟卵母细胞。卵母细胞可以在任何阶段进行冷冻保存,但冷冻成熟期和 GV 期的卵母细胞是首选。如果冷冻保存的是 GV 期的卵母细胞,则需要在解冻后进行体外成熟培养,然后才能尝试进行受精。

仪器与耗材

仪器(冷冻)

1. 平面胚胎冷冻机(包括液氮杜瓦瓶)
2. 层流罩
3. 立体显微镜
4. 分析天平
5. 液氮储存罐
6. 移液泵(解冻)

7. 含有待解冻卵母细胞的储存罐

8. CO$_2$培养箱

9. 体视显微镜

10. 带微分干涉(DIC)的倒置显微镜

耗材(冷冻)

1. 不含钠离子的卵母细胞冻存液(SAGE Biopharma)

2. 1.5 mol/L PrOH(丙二醇)+无钠冻存液(SAGE)

3. Falcon 3037 器官培养皿

4. 一次性 Falcon 移液器(5 mL 和 10 mL)

5. 巴斯德吸管

6. Nunc 冻存管(圆底,1.8 mL)

7. 铝制储存杆(Storage canes)

8. 低温袖套

9. 隔热手套

10. 小型塑料 LN$_2$ 杜瓦瓶

11. 50 mL 和 15 mL Falcon 管

12. 刮刀

13. 记号笔

14. 32 ℃水浴

15. 解冻液(SAGE Biopharma),含 0.5 mol/L 和 0.2 mol/L 蔗糖的不含钠离子的冷冻液

16. 1 mL 无针注射器

17. 用于胚胎培养的培养液(QFM+10% SPS,矿物油覆盖)

18. Stripper 取卵针(150 μm 和 275 μm)

步骤

冷冻

1. 在冷冻前,填满液氮杜瓦瓶并在瓶口留出一定气体蒸发空间。将液氮泵放入杜瓦瓶中,打开胚胎冷冻机开关,为泵提供电源。按下杜瓦瓶底部的拨动开关给杜瓦瓶加压,当杜瓦瓶加压时指示灯会自动闪烁。

2. 从冰箱中取出卵母细胞冻存液和 1.5 mol/L 丙二醇,室温下复温。

3. 对冻存管贴标签:日期、患者姓名与 ID、检索号、卵母细胞数量和发育阶段。每个管子不应装载超过三个卵母细胞,而且同一发育阶段的卵母细胞应该装入相

同管子(即不要将 GV 期卵子和成熟卵子装进同一根管子内)。

4. 取 2 个 3037 号皿,一个标记为丙二醇(PrOH),另一个标记为 PrOH/蔗糖,并注明患者姓名。

5. 使用无菌 Falcon 移液器,将 1 mL PrOH 和卵母细胞冻存液分别加到两个 3037 号皿内。

6. 使用无菌 Falcon 移液器,将 0.5 mL 卵母细胞冻存液加入每个冻存管内。

7. 使用取卵针,将卵母细胞转移至 PrOH 皿内并在室温下保持 20 分钟,观察卵母细胞确保发生收缩和重新膨胀。在此过程中不要将皿放入恒温箱内,因为冷冻保护剂在高温下会产生毒性。

8. 使用取卵针,将卵母细胞转移至卵母细胞冻存液(含 1.5 mol/L PrOH/0.3 mol/L 蔗糖)皿内。在该器皿内快速漂洗,然后转移到冻存管内。

9. 使用取卵针,将卵母细胞转移到冻存管内。每装载一个卵母细胞后,要对取卵针进行多次漂洗以确保卵母细胞已被装入冻存管内。

10. 拧紧冻存管盖,然后将其正面朝上放置于冻存管架上,并将其放入冰箱中。确保冻存管正面朝上。

11. 打开冷冻机。菜单会出现并提示选择模式:运行程序。

12. 点击"RUN",然后屏幕会要求输入密码,密码是 3333。

13. 屏幕会显示程序名和运行程序。使用箭头键向上或向下选择所需的程序编号,然后点击"ENTER"确认选择正确的程序。对于卵子冻存,选择程序 3:卵子。

14. 点击"RUN"开始运行程序;冷冻机会首先达到设置的起始温度。

15. 当达到起始温度时,会发出警报声,屏幕会显示"at start temp run"。点击"CLEAR"关闭警报。将冻存管放置于冻存机腔内的支架上(每个支架不要放置超过两根管子),然后点击"RUN"开始运行程序。

16. 冷冻程序有几个步骤,描述如下:

步骤 1:从起始温度以 $-2.0\,^\circ\text{C}$/min 的速率冷却到 $-7.0\,^\circ\text{C}$。

步骤 2:保持(holding)阶段,此时显示器上展示的降温速率为 0。在此期间对冻存管种冰。

步骤 3:降温速率设置为 $-0.3\,^\circ\text{C}$/min,降温至 $-35\,^\circ\text{C}$。

步骤 4:在 $-35\,^\circ\text{C}$ 下保持 20 分钟。

17. 冷冻程序开始 15~20 分钟后,程序将从步骤 1 切换到步骤 2 即种冰。步骤 2 是保持阶段,在此期间,样本在 $-6.0\,^\circ\text{C}$ 下保持 15 分钟。冻存管在该温度下保持 5 分钟后进行种冰。当需要进行种冰时,会发出警报声,点击"CLEAR"关闭警报,并对每个低温冻存管进行种冰操作。

18. 进行种冰操作时需戴上低温手套和面罩。向塑料 LN_2 杜瓦瓶中注入 LN_2,并将大镊子放入杜瓦瓶中冷却。种冰操作准备好后,戴上保护手套并拿起已经冷却的镊子,将装有低温冻存管的支架从冷冻腔中取出,将冷却的镊子与冻存管接触,应该看到冻存管外壁的触碰点因为结晶而变得模糊。当看到这种情况时,立即将支架放回到冷冻腔内。

19. 对于所有需要进行种冰的冻存管都按以上步骤进行操作。

20. 对所有冻存管都进行种冰操作后,点击"运行"再次启动程序。

21. 在步骤 2 接近结束时,检查所有冻存管是否都进行了种冰操作——冻存管内观察到冰晶。注意:这一步应该快速进行,以避免样本升温超过种冰温度。

22. 确认程序进入步骤 3,将样本温度以 $-0.3\,℃/min$ 降至 $-35\,℃$。

23. 当程序进入步骤 4(在 $-35\,℃$ 下保持 20 分钟)后,将支架从冷冻腔中取出并立即将冻存管浸入装有液氮的小型 LN_2 杜瓦瓶中,整个冻存管应完全浸没在液氮内。

24. 戴上保护手套和面罩,将冻存管转移到已标注患者姓名和日期的储存杆上。每个储存杆最多可以放置三根冻存管。

25. 将储存杆装入纸板套筒中。纸板套筒应标有冻结日期、患者姓名、冻存管的存取编号和卵母细胞阶段。

26. 转移纸板套筒至储存罐中。

27. 在关闭冷冻机前,打开冷冻腔等待恢复到室温。当 LED 显示屏显示"可以重新启动"时,方可关闭冷冻机。

28. 取出一张空的卵子冻存记录单,填写每根冻存管的所有信息,并将复印件留存。

29. 确保每次在 IVF 实验室进行卵子冷冻操作时都按照要求填写记录,每次填写时应遵循相同的格式。

解冻

1. 解冻前一天,从 IVF 实验室的日志本中取出低温保存表格的副本并将其放在病历上,从低温保存日志本中取出相应的页面,这样做是为了确保解冻正确的卵母细胞。

2. 解冻的时机:

(1) 自然周期:患者会注射 hCG 以确定这些周期的解冻时机,在 hCG 注射当天解冻卵母细胞。

(2) 雌二醇/孕激素替代周期:在孕激素的第一天解冻卵母细胞。

3. 从冰箱中取出解冻液,使其恢复到室温后再使用。

4. 将水浴温度调整到 32 ℃。

5. 使用保护手套从储存罐中取出储存杆,从杆上取出需要解冻的冻存管。

6. 轻轻拧开冻存管盖,使管子内的 LN_2 气体排出,这样做非常重要,其目的是防止低温冻存管在解冻时爆炸。

7. 再次拧紧冻存管盖并将冻存管浸入 32 ℃水浴中,确保整个冻存管都被浸没在水中。

8. 让冻存管在水浴中解冻 1～1.5 分钟,直到观察不到冻存管内的冰晶为止。

9. 将冻存管转移到操作台上,使用毛细管将冻存管内的样本转移到 3037 培养皿上。

10. 检查培养皿上是否存在卵母细胞。

11. 如果未收集到所有卵母细胞,使用 0.5 mol/L 蔗糖冲洗低温冻存管并重复步骤 10。

12. 在 3037 培养皿上,将卵子转移到 1 mL 含有 0.5 mol/L 蔗糖的无钠培养基中。

13. 在室温下孵育 10 分钟。

14. 将卵母细胞转移到 1 mL 含有 0.2 mol/L 蔗糖的无钠培养基中(另一个 3037 培养皿),在室温下孵育 10 分钟。

15. 将卵母细胞放入培养皿中洗涤,然后转移到中心的液滴中,放入培养箱中进行培养。

16. 大约在解冻后 30 分钟时,从培养箱中取出卵母细胞,用倒置显微镜检查是否存活。变性或死亡的卵母细胞将失去细胞膜完整性,呈暗色和颗粒状。

17. 如果只有一个或更少的卵母细胞解冻后存活,那么需要解冻更多的冻存管,直到有 4～6 个完好的卵母细胞。在开始解冻之前,需要与患者和医生商讨决定解冻多少个卵母细胞。

18. 打电话通知患者解冻的卵母细胞数量和存活情况,并通知医生办公室。

19. 解冻后的卵母细胞至少培养 3 小时,然后使用卵母细胞质内精子注射(ICSI)技术进行受精。无论精子质量如何都应使用 ICSI 进行受精,并遵循标准的 IVF 程序。

20. 填写低温保存表格,注明解冻日期、解冻者、解冻数、存活数和其他信息。确保指出剩余冷冻卵母细胞的数量。

安全提示

1. 液氮直接接触皮肤会发生灼伤,所以在使用液氮时务必佩戴保护手套和面罩。

2. 与胚胎冷冻设备相连的杜瓦瓶中的液氮气体处于压力状态,除非压力为零,否则不要从杜瓦瓶中取下泵。如果在杜瓦瓶压力未释放的情况下卸下泵,液氮可能会爆炸并灼伤操作者。此外暴露在大量的液氮气体下可能会导致窒息。

3. 如果液氮接触皮肤,请立即将受影响的部位放入水中来加热该区域。如果发生大规模泄漏或大面积皮肤接触的情况,应立即寻求医疗救助。

计算

无。

结果报告

1. 结果需要填写在低温保存专门的表格、笔记和日志中。
2. 应联系医生办公室和患者,告知他们冷冻/解冻的结果。对于患者可以通过电话或在胚胎移植时直接告知。

程序说明

1. 筛选进行冷冻保存的卵母细胞对结果的影响十分关键,筛选标准已在前面的样本要求中列出。
2. 平面冷冻机配备有备用电源,因此发生电力故障的可能性很小。如果冷冻机出现故障或在操作过程中无法正常运行,请按以下步骤操作:
(1) 如果问题发生在种冰之前,则取出冻存管并升温至室温,然后将卵母细胞从保护液中取出(即进行解冻程序),并将其放入培养箱中继续培养,直到机器修复为止。
(2) 如果问题发生在种冰之后,将冻存管浸入液氮中并按照常规的方式储存。
(3) 通知患者和医生办公室发生的情况。

冻存程序的局限性

卵子冷冻是一项实验性程序,无法保证解冻、受精或受孕的成功率。

6　卵母细胞的玻璃化保存与复温

原理

　　玻璃化是卵母细胞和胚胎冷冻保存的另一种选择。在玻璃化方法中,细胞被放置在相对较高浓度的保护剂溶液中,使其在冷却过程中不形成细胞内冰,反而形成了一种玻璃状物质。从理论上说玻璃化的优点是避免了胞内冰的形成,但如果操作不当,反而有可能形成更大的胞内冰,从而对细胞造成不可逆的损伤。为了实现玻璃化必须满足以下四个条件:第一,细胞必须接触到非常高浓度的保护剂;第二,细胞在保护剂中的暴露时间必须限制,因为长时间接触到高浓度保护剂可能会产生毒性从而导致细胞死亡;第三,经过保护剂处理的细胞必须直接被浸入液氮中;第四,复温速率必须非常高以避免反玻璃化对细胞造成的损害。如果玻璃化保存的操作得当,文献中结果显示卵母细胞复温后的存活率高于90%。

仪器和耗材

仪器

1. 液氮储存罐
2. 分析天平
3. 尼康立体显微镜(无热台)

耗材

1. 改良型 HTF 溶液(SAGE)
2. 血清蛋白替代物(SPS)(SAGE)
3. 玻璃化保存试剂盒(SAGE),包括:
(1) 平衡液(7.5% DMSO,7.5% EG)
(2) 玻璃化溶液(15% DMSO,15% EG)
4. 冷冻叶片 Cryoleaf(Origio)
5. 冷冻杆 Cryocane

6. 塑料筒(嵌入冷冻杆)

7. 冷冻套筒 Cryosleeves

8. Stripper 取卵针($150~\mu m, 275~\mu m$)

9. 3003 培养皿盖(取回培养皿)

10. 液氮杜瓦瓶

11. 用于盛装液氮的小型聚苯乙烯泡沫箱

12. $0.2~\mu m$ 注射器过滤器

13. $10\sim30~mL$ 注射器

14. Falcon 15 mL 离心管

15. $5\sim10~mL$ 移液管

16. 可调移液枪与枪头($10\sim100~\mu L$)

17. 蔗糖(Sigma)

18. 称量纸

19. 称量铲

步骤

卵母细胞的玻璃化(冷冻)

1. 卵母细胞的细节信息。

(1) 应该选择带有第一极体的成熟卵母细胞进行玻璃化保存。

(2) 选择无胞质缺陷的卵母细胞,带空泡或"牛眼"颗粒状外观的卵母细胞不进行玻璃化保存。

(3) 卵母细胞应在取卵后 1 小时内进行玻璃化保存,避免长时间培养。目前可用的数据表明,如果卵母细胞在取卵后超过 2 小时再进行冷冻会对胚胎质量产生不利影响。

2. 溶液配制。

SAGE 品牌的玻璃化套装(vitrification kit)包含了玻璃化所需的两种预制溶液,使用前应让溶液达到室温,或者按以下方法自行制备溶液:

(1) 平衡液(ES, 7.5% 二甲基亚砜, 7.5%乙二醇)。

① 配制含 20% SPS 的 mHTF 母液:8 mL mHTF + 2 mL SPS;

② 向 15 mL 离心管中加入 8.5 mL 母液(mHTF/20% SPS);

③ 加入 0.75 mL 二甲基亚砜并充分混合;

④ 加入 0.75 mL 乙二醇并充分混合;

⑤ 使用 $0.2~\mu m$ 过滤器过滤溶液并冷冻保存($-25\,^{\circ}\!C$),保质期为 6 个月,需要

时解冻使用。

(2)玻璃化溶液(VS，15% 二甲基亚砜，15% 乙二醇，0.5 mol/L 蔗糖)。

① 称量 1.71 g 蔗糖并加入 15 mL 离心管中；

② 加入 7 mL 母液(mHTF/20% SPS)溶解蔗糖；

③ 加入 1.5 mL 二甲基亚砜并充分混合；

④ 加入 1.5 mL 乙二醇并充分混合；

⑤ 使用 0.2 μm 过滤器过滤溶液并冷冻保存(－25 ℃)，保质期为 6 个月，需要时解冻使用。

(3) 步骤。

注意：所有步骤都在室温下进行，在台面上使用体视显微镜完成所有操作。

① 在所有 Cryoleaf 或麦管上标注日期、患者姓名、出生日期、储存的卵母细胞数量和编号，每个 Cryoleaf 或麦管不应超过两个卵母细胞。另外，在冷冻杆、塑料筒和外部塑料冷冻套筒上标记上述患者样本信息。

② 对即将玻璃化保存的卵母细胞进行必要信息的登记，并将患者信息写入工作日志。

③ 按图 1 准备溶液液滴：

液滴 1:50 μL 母液

液滴 2:75 μL 母液 + 25 μL ES，形成含 25%ES 的液滴

液滴 3:50 μL 母液 + 50 μL ES，形成含 50%ES 的液滴

液滴 4:100 μL ES(100% ES 的液滴)

液滴 5~7:100 μL VS

④ 在液滴 1 中漂洗卵母细胞，一次性不超过 4 个。

⑤ 将卵母细胞转移到液滴 2 中，保持 3 分钟。可以观察到细胞收缩，然后恢复到几乎原来体积。

⑥ 将卵母细胞转移到液滴 3 中，保持 3 分钟。可以观察到细胞先收缩后膨胀，直到恢复到初始体积。

⑦ 将卵母细胞转移至液滴 4 中，保持 6 分钟。确保观察到细胞先收缩，然后恢复体积。在此 6 分钟内，卵母细胞应该恢复到 80%~90%的体积，并呈现出正常的圆形形状。在此期间，可以向液氮杜瓦瓶以及聚苯乙烯泡沫箱加入适量液氮备用。

⑧ 在液滴 4 中停留 6 分钟后，观察卵母细胞。如果它们未恢复原来 80%~90%的体积或不呈圆形，则再保持 1 分钟并重新检查。当卵母细胞达到体积和形态要求后，进入下一步。在液滴 4 中保持的时间最多为 9 分钟，无论卵母细胞外观如何都应该在 9 分钟后进行下一步操作(如果 9 分钟后卵母细胞未恢复到要求的形态体积，则做好记录)。

⑨ 使用 175 μm 取卵针将最多两个卵母细胞转移到玻璃化溶液的液滴 5 中。

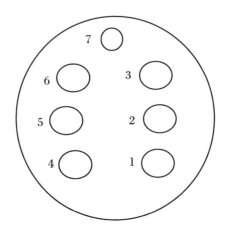

图1 玻璃化冷冻示意图

注意：由于玻璃化溶液的密度较高，卵子会直接漂浮在液滴表面。

⑩ 在液滴5中吹打几次以确保平衡。在此期间，卵母细胞会发生明显的收缩。

⑪ 将卵母细胞移入玻璃化溶液的液滴6中，然后使用第二个175 μm取卵针将其移入液滴7中。

⑫ 从最初放入液滴5(第一个VS液滴)的40秒后，将卵母细胞拾起并保持在取卵针的最末端，尽量最小化玻璃化溶液的体积。

⑬ 在体视显微镜下观察卵母细胞并将其移至冷冻套筒上。尽力将溶液体积保持到最小，使卵母细胞在外观上略微扁平。必要情况下还可以使用取卵针去除其他多余溶液。

⑭ 快速将冷冻套筒插入充满液氮的聚苯乙烯泡沫箱中，然后将冷冻套筒顶部绿色的保护套去除。保持玻璃化样本浸没在液氮下的同时，将包含卵母细胞的冷冻套筒插入标记过的外套管中。

注意：此操作前需先将外套管置于液氮中，确保转移样本前套管内已经充满液氮并达到温度平衡。

⑮ 迅速将冷冻套筒和外套管转移到液氮杜瓦瓶的套筒中。盖好预先标记的冷冻套筒并转移到储存罐中。

⑯ 填写实验日志和每个患者的冷冻保存表格，每个表格的副本应该留一份在实验室记录中，另一份存入患者病历中。

复温

1. 溶液配制。

(1) 使用SAGE品牌的玻璃化复温套装(warming kit)。该套装包含1管1.0 mol/L蔗糖溶液，1管0.5 mol/L蔗糖溶液和1管等渗复温溶液。在改良的复温溶液中会将上面提到的等渗复温溶液替换成添加了20% SPS的改良版本,另外1.0 mol/L 和 0.5 mol/L 的蔗糖溶液也可以按照下面的方法自行配置。

(2)配制含有20% SPS的mHTF溶液(母液):在15 mL离心管中加入2 mL SPS和8 mL mHTF,并给离心管做好标记。该溶液一部分为配置0.5 mol/L蔗糖溶液准备,其余为复温过程准备。

(3)配制1 mol/L蔗糖溶液:向离心管中加入10 mL母液,3.4 g蔗糖,溶解后做好标记。

(4)配制0.5 mol/L蔗糖溶液:向15 mL离心管中加入5 mL配置好的1 mol/L蔗糖溶液和5 mL母液(1∶1稀释)。

(5)使用0.2 μm过滤器过滤溶液并冷冻保存(−25 ℃),保质期为6个月,需要时解冻使用。

2. 步骤。

(1)复温开始前,将复温溶液从冰箱中取出并使其恢复到室温,根据以下步骤准备解冻时的培养皿(图2)。

所有步骤均在37 ℃(恒温热台)下完成。

· 培养皿1:向3037培养皿的内部孔中加入1 mL 1 mol/L蔗糖,并将其放入孵育箱中,使其达到37 ℃的温度。

· 培养皿2:在3002培养皿中准备以下四滴液滴:

液滴1:50 μL 0.5 mol/L蔗糖(洗涤)

液滴2:50 μL 0.5 mol/L蔗糖(孵育2分钟)

液滴3:50 μL母液(洗涤)

液滴4:50 μL母液(孵育3分钟)

用温暖的矿物油均匀地覆盖液滴,并转移到孵化箱中。

(2)迅速地将冷冻杆从储存罐转移到注满液氮的杜瓦瓶中,同时在一个聚苯乙烯泡沫箱中放置液氮,确保冷冻套筒在复温前保持浸没在液氮内。

(3)快速地将待解冻的冷冻套筒转移到聚苯乙烯泡沫箱中,泡沫箱应该尽可能靠近已预热的孵化箱。

(4)在完全浸入液氮的情况下,从待解冻的冷冻套筒中取出外部套筒,并向后滑动绿色保护帽并暴露出含有卵母细胞的顶端。

(5)将冷冻套筒从液氮中取出,并立即放入3037培养皿内预热的1 mol/L蔗糖溶液中,同时通过体视显微镜观察。这个过程应该迅速完成,否则样本将无法充分复温,损伤卵母细胞。

(6)应该可以看到卵母细胞从冷冻套筒末端漂浮到溶液中,如果看起来卵母细胞粘在了支架上,可以使用取卵针将其取下来。

(7)用冷冻套筒的末端轻轻搅拌1.0 mol/L蔗糖溶液,使卵母细胞和蔗糖溶

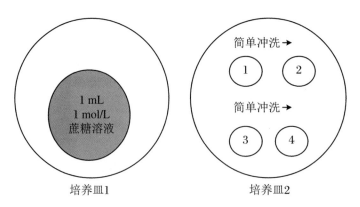

图 2　玻璃化解冻示意图

液充分接触。

(8) 将卵母细胞在 1 mol/L 蔗糖溶液中保持 1 分钟,应该可以观察卵母细胞的细胞质收缩,变为正常体积的约 50%。当在体视显微镜下观察时,细胞质膜应呈非常明显的黑线状。如果没有看到这种情况,可以将孵育时间延长到最长 2 分钟。

(9) 从液滴 1 中取一点溶液,然后将卵母细胞从 1.0 mol/L 蔗糖溶液中捞起,并将其转移到液滴 1 中;从液滴 2 中取一点溶液,并将卵母细胞从液滴 1 转移到液滴 2,保持 2 分钟。

(10) 从液滴 3 中取一点溶液,将卵母细胞从液滴 2 移至液滴 3 进行简单洗涤,将其从液滴 3 转移到液滴 4 并保持 3 分钟。

(11) 在添加了 20% SPS 的受精液中冲洗卵母细胞,并在孵化器中培养至少 3 个小时,然后进行 ICSI。

注:用于卵母细胞玻璃化保存复温过程中的受精液应添加 20% SPS,方便后续最多 4 小时的解冻后培养,然后移至添加 10% SPS 的培养基进行余下的培养。

(12) 完成全部文字记录工作,并更新工作日志和计算机数据库。

质量控制

1. 只使用已通过小鼠胚胎或人类精子活力 QC 测试的试剂和产品(无论是内部配制还是从制造商处获取)。

2. 只使用制造商规定的有效期内的培养基。

安全提示

在操作液氮时要非常小心,实验室应该配备冷冻防护手套和面罩,操作液氮时应佩戴,以避免受伤。如果发生大规模液氮泄漏,应迅速撤离该区域防止窒息。

7 造血祖细胞及其他细胞产品的运输

原理

造血祖细胞(HPC)和其他细胞产品的运输方式必须要确保细胞的活力和功能。由于很多患者在进行细胞移植前要接受大剂量的清髓性治疗,所以细胞产品的活力与功能对患者的术后效果至关重要。如果患者已经接受了清髓性治疗,必须让专业人士将这些重要的血液成分从采集中心运送到移植中心。这些成分必须进行合适的包装,除了保证细胞产品的完整性,也要保证操作人员的安全。

样本

1. 造血祖细胞产品
2. 治疗用细胞
3. 其他产品

仪器/耗材

1. 标有生物危险标签的隔热运输箱(或冰柜)
2. 塑料生物防护自封袋
3. 吸水性材料,如 Chux
4. 冷冻凝胶袋
5. 常温凝胶袋
6. 冷藏凝胶袋
7. 低于或等于 −130 ℃ 的温度记录装置
8. −30~85 ℃ 的温度监测装置
9. 液氮干式运输箱
10. 适合在 4 ℃ 或室温(20~24 ℃)下通过 Fed Ex 运输的容器
11. 酒精湿巾

质量控制

1. 液氮干式运输箱配备温度监测装置。

2. 液氮干式运输箱每年校验 2 次,以确保其在 - 140 ℃ 以下至少保温 72 小时。

步骤

相邻机构间的产品运输

1. 对运输箱内部和外部进行消毒。
2. 将产品放入生物防护自封袋并密封以防止泄漏。
3. 在冰柜内给产品打包:
(1) 对于解冻产品:
① 用酒精湿巾给两个冷藏凝胶袋消毒;
② 将产品放置在冷藏凝胶袋上;
③ 将产品和冷藏凝胶袋放在可吸水材料中,并放入冰柜;
④ 在产品顶部放置第二个冷藏凝胶袋。
(2) 对于新鲜产品:
① 用酒精湿巾给两个常温凝胶袋消毒;
② 将产品放置在常温凝胶袋上;
③ 将产品和常温凝胶袋放在可吸水材料中,并放入冷柜;
④ 在产品顶部放置第二个常温凝胶袋。

冷冻产品的运输

1. 在运输冷冻保存的细胞制品之前,给干式运输箱充电至少 48 小时。
2. 与接收方协调产品的运输方式(快递公司),以及如何退还空的干式运输箱。
3. 检查干式运输箱的完整性,并确保它能承受运输中正常装卸时发生的内容物泄漏、冲击、压力变化和其他情况。
4. 确保温度低于 - 150 ℃。
5. 根据患者信息确认产品标签,将产品放入干式运输箱。
(1) 将冻存盒或冻存管放入塑料袋中。
(2) 不要将产品外面的金属盒拿掉。
(3) 将吸水性材料和包装材料填充在干式冷冻容器中的产品周围。
(4) 确保产品在室温下停留不超过 2 分钟。
6. 将产品放置在干式运输箱的中央并关闭内盖。
7. 确保运输所需的所有记录准备齐全。合上盖子,用束线带、胶带或其他方法固定。

8. 干式运输箱的返还:

(1) 查验完整性,确保其能够承受运输和常规搬运过程中发生的内容物泄漏、冲击、压力变化和其他情况。

(2) 从温度记录装置(如果有)下载运输箱的温度历史记录。

运输时间

1. 对于所有产品,运输时间必须充足以确保产品安全。

2. 对于所有产品,运输时间应确保在到达时有足够多的时间进行加工和/或回输。

附加信息

1. 如果接收方是骨髓清除者,HPC 的运输应由委托的运输方专人手持运输。

2. HPC 产品不能承受辐射,因此在运输过程中不能通过任何类型的 X 射线设备。

3. 如果使用商业运输方法如空运,新鲜产品必须在温度和压力可控的空间中运输。这些产品应由专业的运输人员按照上述程序包装和手持运输。

4. 新鲜产品必须装在坚硬的、防刺穿的容器中运输,绝不能无人看管。

参考文献

AABB Standards for Cellular Product Services,8th ed. , 2017.

FACT-JACIE International Standards for Cellular Therapy Product Collection,Processing, and Administration,6th ed. , 2015.

8 造血祖细胞的冷冻保存

原理

本章描述了造血祖细胞(HPC)的冷冻保存。单采法获取的细胞产品(HPC(A))使用了体积浓缩的封闭式系统,需要手动离心并去除血浆。使用合理的方法(技术)处理和冷冻保存 HPC(A)可以最大限度地提高细胞存活率和移植潜能。在添加冷冻保护剂之前,细胞浓度以每毫升不超过 5.0×10^8 为宜。在加入冷冻保护剂溶液后,HPC(A)产品将被等分到冻存袋中,再转移到程序降温仪中进行冷冻保存,最后转移到气相液氮罐中进行长期储存。

处理流程/方案(参考图 1)

1. 对样本取样检测(QC)后,将细胞产品袋的接头灭菌并连接到600 mL的转移袋中(样本转移),在新的转移袋上预留15~20 厘米长的管子。

2. 使用离心法进行细胞浓缩:2000 r/min 离心 15 分钟(制动设为4),再使用血浆去除机去除血浆。

3. 将复方电解质注射液加入浓缩细胞中,使产品达到冷冻前需要的体积。

4. 样本取样检测(QC)。

5. 将细胞产品袋和预先准备好的含有 10% DMSO 冷冻液的袋子无菌连接在一起。

6. 将细胞产品和冻存液混合,首先将 1/3 体积的 10% DMSO 冷冻液缓慢加入细胞产品袋中,再添加剩余的冷冻液。样本取样检测(QC)。

7. 用 10% DMSO 冷冻液将细胞均匀悬浮,分装到冻存袋中准备冻存。

样本

1. HPC(A)
2. 骨髓造血干细胞

仪器/耗材

1. 3 mL 无菌注射器

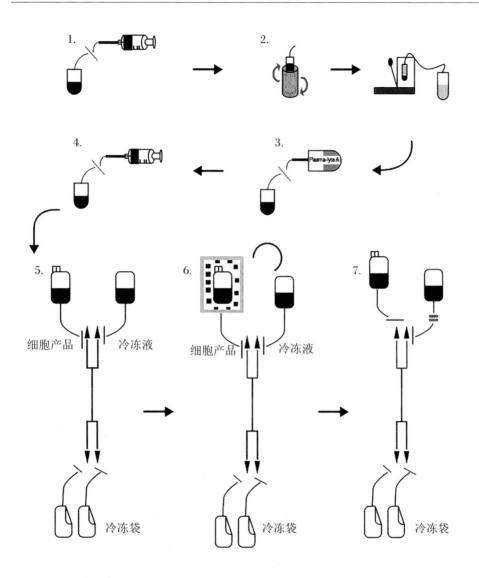

2. 10 mL 无菌注射器

3. 20 mL 无菌注射器

4. 60 mL 无菌注射器

5. 18 号针

6. EDTA 紫帽真空采血管

7. 冻存袋套装

8. 300 mL 转移袋(TP-300)

9. 600 mL 转移袋(TP-600)

10. 2 mL 冻存管

11. AST 和 NST 培养瓶

12. 取样器(sampling site coupler)

13. 带有鲁尔阀门的采样头(dispensing pin)

14. 无针密闭输液接头(clave connector)

15. 注射头(mini spike)

16. 二甲基亚砜(DMSO)

17. 25% 人血清白蛋白(HSA)

18. 500 mL 复方电解质注射液(Plasma-lyte A)

19. 酒精消毒棉片

20. 碘伏消毒棉片

21. 金属冻存盒

22. 手持式热封器

23. 标尺

24. 冰毯

25. 程序降温仪

26. 离心机

27. 无菌管道连接机

28. 血浆去除机

29. 生物安全柜

30. 止血钳

31. 生物防护袋

质量控制

1. 所有试剂必须通过目测检查是否变色或混浊,所有耗材应检查完整性。

2. 在产品接收时和加工结束时进行无菌测试。

3. 在最开始和加入冷冻液之前进行有核细胞总数(TNC)计数,计算 TNC 回收率。

4. 在加入冷冻液之前进行采样和 CD34 计数。

步骤

实验准备、文字工作:给冻存袋、冻存管、冻存盒设置标签

1. 在每个冻存盒上贴上患者信息和产品标签。

2. 根据处理过程需要,将贴有标签的试剂和耗材放入生物安全柜内。在处理过程中所有设备使用前都应进行清洁。

3. 将一袋 Plasma-lyte A 转移到 TP-600 中,并标注 Plasma-lyte A 的首字母和日期。

产品接收

将适量的细胞产品袋放在秤上,去皮、称重。

质控样本的收集

1. 将产品放入清洁过的生物安全柜中,将采样头插入袋中。
2. 轻轻地将产品混合均匀。
3. 取出样本进行质控测试。

产品离心

1. 对转移袋的接头灭菌消毒,将 HPC(A)产品转移到一个 600 mL 的转移袋(TP-600)中并贴上标签,完成后使用止血钳夹住管道。

注:如果转移后还有多余样本残留在原收集袋中,无菌地添加 Plasma-lyte A 冲洗,然后将剩余的细胞加入转移袋中。

2. 对转移袋的接头灭菌消毒,将装有 Plasma-lyte A 的 TP-600 对接到包含细胞的 TP-600 中,此时确保止血钳处于夹紧状态。

3. 用一个空的 TP-600 对秤去皮,并将细胞袋放在秤上称重。

4. 将 Plasma-lyte A 转移到产品袋中,使总体积达到 500 mL(10%误差内)进行离心。在产品袋上留下 15～20 厘米长的管道并热封。

5. 使用酒精棉片擦拭清洁 Plasma-lyte A 转移袋,并放回生物安全柜备用。

6. 将含有细胞的 TP-600 放入无菌生物安全袋中,并放入离心机内。使用一个装满 Plasma-lyte A 的转移袋给离心机配平。

7. 在室温下,将产品在 2000 r/min(824 RCF)的条件下离心 15 分钟,制动设为 4(从 500 r/min 到 0 历时 6 分钟)。

8. 离心后,小心地将细胞袋从离心机中取出并放在血浆去除机上,注意不要扰乱细胞。

9. 对细胞袋的接口消毒并对接到一个新的 TP-600 上去除血浆,当细胞接近袋子的肩部时停止。此外注意尽量不要丢失任何细胞。

10. 对管道热封三次并从中间断开,确保在细胞袋一侧留下 15～20 厘米长的管道。

注:在确定细胞回收率满足要求前不要丢弃废袋。如果质量指标不符合,可能需要进行额外的有核细胞(TNC)计数。

11. 轻轻按摩转移袋的边角确保细胞均匀、减少结块,使浓缩产品重新悬浮。

12. 使用空的 TP-600 将秤去皮,并将产品袋放在秤上称重。

13. 对细胞产品袋消毒灭菌,然后放回生物安全柜。将采样头插入袋中,准备下一步。

冷冻前准备

1. 使用无菌注射器向产品袋内注射 Plasma-lyte A,将产品体积定容到最终冷冻体积的一半。

对于所有细胞产品,确保细胞的最大浓度不超过冻存袋规定极限。

2. 将产品与 Plasma-lyte A 混合均匀,并检查是否有结块。

注:如果出现血小板结块,将产品在室温下静置 5 分钟,然后通过再次混合重悬。

3. 轻轻地混合产品,并使用采样头取样进行质控测试。

配制最终浓度为 10% 的 DMSO 冷冻液

根据所需要冻存的细胞数量确定需要的各种试剂的量,按照表 1 的示例计算所需试剂的总体积。

1. 将取样器插入 300 mL 转移袋中(注:此处请勿使用采样头和无针密闭输液接头)。

2. 使用无菌注射器和针头,将适量的 Plasma-lyte A 加入贴有标签的 300 mL 转移袋中(TP-300)。

3. 取出适当体积的 DMSO,快速注射到 Plasma-lyte A 转移袋中,混匀。

4. 将 DMSO-Plasma-lyte A 溶液在 4 ℃ 环境下冷藏至少 10 分钟,然后连接到冷冻保存套装。

5. 在冷冻保存前直接将适当体积的 25% 的 HSA 加入冻存液中,HSA 体积参见表 1。

表1　终浓度为 10%(V/V) 的 DMSO 冷冻液制备

试　　剂	每 50 mL	每 100 mL
DMSO 体积	5	10
Plasma-lyte A 体积	10	20
25% HSA 体积	10	20

冷冻保存

1. 打开程序降温仪。

2. 将 DMSO 冷冻液从冰箱中取出。

3. 将含有细胞的转移袋接口消毒,和含有 DMSO 冷冻液的转移袋一起对接到冷冻保存套装中(在冻存袋一端的管道上用止血钳夹紧)。二者用冰毯包好放入生物安全柜。过程中请勿让细胞转移袋离开冰毯。

4. 将贴有标签的冻存盒放入冰毯中,并放入生物安全柜。

5. 参见表1的数据,通过无菌注射器和针头将一定体积的 HSA 添加到 DM-SO 冷冻液(10%)中。

6. 松开止血钳,略微抬高含冻存液的转移袋,在重力作用下将溶液缓缓加入细胞产品转移袋中,同时轻轻混合。

7. 待所有冷冻液加入细胞产品袋后,将产品袋一侧的管路夹住。

8. 混合均匀,取样进行质检。

9. 挂起产品袋,打开与冻存袋连接的夹子,检查管子是否有扭曲。让细胞产品顺流而下,均匀分布在冷冻袋中。

如果要冷冻三个或三个以上的冻存袋,请通过 60 mL 注射器从产品袋中取出适当体积(50 mL 或 100 mL),并通过端口注入另外的冷冻袋。

注:如果没有上述的冻存袋套装,请参阅附录中的流程图。

10. 检查袋子和产品的完整性(例如是否有凝块或泄漏),并确保细胞均匀分布。将管道热封三次,并从中间的热封处断开。

注:为了最大限度地减少袋子破损,封口时留一条小尾巴。留出足够的空间来创造一个"安全封条"。

11. 将产品放入贴有标签的冻存盒中。使用运输容器转移冻存袋或冻存管进行低温保存。

12. 将冻存盒和冻存管放入程序降温仪中,并启动适当的冷冻程序。

13. 程序冷冻完成后,立即将冻存盒和冻存管转移到气相液氮罐中储存。

14. 检查程序降温仪的温度曲线,确保仪器正常运行。

附录　其他可选的冻存袋套装——2袋或4袋

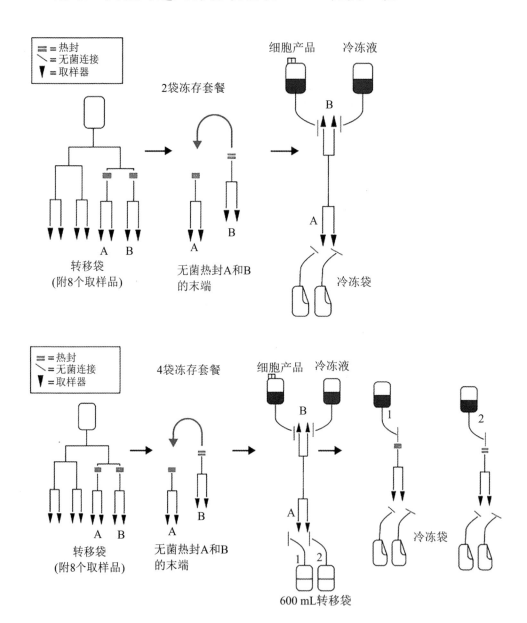

参考文献

AABB Technical Manual, 18th ed., 2014.

AABB Standards for Cellular Therapy Product Services, 8th ed., 2017.

FACT-JACIE International Standards for Cellular Therapy Product Collection, Processing, and Administration, 8th ed., 2015.

Validating a Closed System for Hematopoietic Progenitor Cell Cryopreservation Utilizing Centrifugation and Sterile Docking Techniques. Study Number 8488754.

9 造血祖细胞的复温

原理

本程序的目的是为用于输注的造血祖细胞(HPC)产品确定合理的解冻方案。这些 HPC 产品来源于单采血 HPC(A)或骨髓 HPC(M),通过一系列的加工、冷冻保存(冻存袋)并最终储存在气相液氮中(−150 ℃或更低)。

仪器/耗材

1. 无菌袋
2. 水浴锅
3. 蒸馏水
4. 300 mL 转移袋
5. 热封机
6. 生物安全柜(BSC)
7. ACD-A
8. 3 mL、10 mL 或 20 mL 无菌注射器
9. 18 号无菌针头
10. 取样器(sampling site coupler)
11. 碘伏消毒棉片
12. 酒精消毒棉片
13. 3 mL EDTA 真空采血管
14. AST 和 NST 培养瓶
15. 触摸板
16. 止血钳

质量控制

1. 所有试剂必须检查是否发生变色或混浊,所有耗材必须检查是否完整。
2. 处理过程结束后进行无菌检测和活力检测。

步骤

为解冻步骤准备好水浴锅和生物安全柜

1. 清洗水浴锅备用。

2. 清洁生物安全柜备用。

3. 根据处理过程需要，将贴有标签的试剂和耗材放入生物安全柜内。在处理过程中所有设备在使用前都应进行清洁。

4. 将被复温样本体积10%的ACD-A加入转移袋中：

(1) 通过样本的处理记录确定要添加的ACD-A溶液体积，需要添加的ACD-A溶液体积是待解冻样本体积的10%。

(2) 使用止血钳夹住TP-300上的管道。

(3) 将取样器插入其中一个接口。

(4) 用酒精棉片对ACD-A接口和取样器接口进行消毒。

5. 使用适当大小的注射器和针头，将一定体积的ACD-A加入TP-300内。

复温

1. 从液氮储存罐中取出样本，并使用转运箱将样本转移。待进入实验室后，检查细胞产品的信息并确认无误。

2. 由专业技术人员完成复温过程：

(1) 注意复温的时间和水浴温度。

(2) 有效期是指从冻存袋进入水浴锅开始的1.5小时(90分钟)，尽快在标签(包括复印件)上记录时间。

(3) 将装有冻存袋的铝盒放入解冻袋中，整个浸入水浴锅中，直到铝盒上的霜冻消失。

(4) 将冻存袋从铝盒中取出，并确认冻存袋上的编号盒信息无误。将冻存袋放入另一个新的解冻袋，放入水浴锅并轻轻搅拌直到复温结束。

3. 待细胞产品完全复温，将其从水浴锅中取出并放置到生物安全柜内。

(1) 将细胞产品从冻存袋转移到TP-300，操作方式如下：

① 用酒精棉片擦拭冻存袋的接口。

② 将TP-300管道上的尖头钉(spike)插入冻存袋上的接口。

③ 将细胞产品从冷冻袋转移到TP-300中。

④ 将止血钳在靠近TP-300管道一侧夹紧。

⑤ 如果同时复温不止一个冻存袋：

a. 使用酒精棉片擦拭其他的冻存袋接口。

b. 小心地从上一个冻存袋拆下 TP-300 管道上的尖头钉。

c. 将尖头钉插入另一个冻存袋的接口,使样本继续转移到 TP-300。

d. 用酒精棉片擦拭取样器。

(2) 取出样本进行质控检验。

参考文献

AABB Standards for Cellular Product Services,8th ed.,2017.

AABB Technical Manual,19th ed.,2017.

FACT-JACIE International Standards for Cellular Therapy Product Collection,Processing,and Administration,6th ed.,2015.

10 T 细胞的冷冻保存与处理

原理

对单采法获取的单核细胞进行处理的目的是 $CD3^+$ T 细胞的计数、回输或冷冻保存。经流式细胞仪对单核细胞进行 $CD3^+$ 细胞计数后,获得的细胞产品被称为单采 T 细胞。

样本

1. 单采法获取的单核细胞
2. 单采 T 细胞

仪器/耗材

1. 3 mL 无菌注射器
2. 10 mL 无菌注射器
3. 20 mL 无菌注射器
4. 60 mL 无菌注射器
5. 18 号针头
6. EDTA 紫帽真空采血管
7. 冻存袋套装
8. 300 mL 转移袋
9. 600 mL 转移袋
10. 2 mL 冻存管
11. AST 和 NST 培养瓶
12. 取样器(sampling site coupler)
13. 带有鲁尔阀门的采样头(dispensing pin)
14. 无针密闭输液接头(clave connector)
15. 注射头(mini spike)
16. 二甲基亚砜(DMSO)

17. 25%人血清白蛋白(HSA)

18. 500 mL 复方电解质注射液(Plasma-lyte A)

19. 酒精消毒棉片

20. 碘伏消毒棉片

21. 金属冻存盒

22. 手持式热封机

23. 标尺

24. 冰毯

25. 程序降温仪

26. 离心机

27. 无菌管道连接机

28. 血浆去除机

29. 生物安全柜

30. 止血钳

31. 生物防护袋

质量控制

1. 所有试剂必须检查是否发生变色或混浊,所有耗材必须检查是否完整。

2. 处理过程结束后进行无菌检测和活力检测。

3. 进行有核细胞计数(TNC)。

4. 抽样检测 CD3。

步骤

设置与标签

1. 将每个冻存盒贴上包含患者和产品信息的标签。

2. 根据处理过程需要,将贴有标签的试剂和耗材放入生物安全柜内。处理过程中使用的所有设备在使用前都应进行清洁。

3. 准备一个铁架台和环形支架,设置一个倒置的 60 mL 注射器和一个三向旋塞。

产品接收

将新冻存袋放置在秤上去皮,然后再称量细胞产品的质量。

质控样本的采集

1. 将细胞产品放入清洁过的生物安全柜中,将带有鲁尔阀门的采样头插入冻存袋。

2. 轻轻地将产品混合均匀。

3. 取出样本进行质控检验。

冷冻和储存

1. 溶液配制。

(1) 配制 DMSO 溶液(冷冻液 A)。

① 将 60 mL Plasma-lyte A 加入无菌的 250 mL 锥形管中,加入 15 mL DMSO (根据需要,体积可以加倍)。

② 将溶液在 1~6 ℃下保存直到使用。

(2) 配制 Plasma-lyte A/人血清白蛋白溶液(冷冻液 B)。

① 将 60 mL Plasma-lyte A 加入无菌的 250 mL 锥形管中,加入 30 mL 25% 人血清白蛋白(根据需要,体积可以加倍)。

② 将溶液在 1~6 ℃下保存直到使用。

2. 冷冻保存。

(1) 对细胞产品等分,并加入 250 mL 的锥形管中。

(2) 将细胞在 2000 r/min(824 RCF)条件下离心 15 分钟,制动速度设置为 9 (转速从 500 r/min 降至 0 历时 30 秒)。

① 在处理离心后的锥形管时要注意,避免破坏底部的细胞团。

② 消毒后放回生物安全柜。

(3) 打开锥形管的盖子,在尽量不破坏底部细胞团的情况下使用 25 mL 或 10 mL 无菌移液管去除上清。

(4) 用 10 mL 移液器重悬细胞,轻柔吹打。

(5) 将适量 Plasma-lyte A/人血清白蛋白溶液加入锥形管中(见表 2)。

(6) 将所有锥形管放入一个由冷冻冰块(或同类材料)包围的金属杯中。

表 2　不同容量冻存袋对应的冷冻液 A 和冷冻液 B 的体积

冻存袋编号	冻存袋容积 (mL)	冻存液 B (mL)	冻存液 A (mL)	总体积 (mL)
1~4	50	18.75	18.75	37.5
1~4	100	37.5	37.5	75.0

（7）将适当体积的冻存液（见表2）按照逐滴添加的方式加入含有细胞的250 mL 锥形吸管中，同时轻轻晃动样本。

（8）无菌取样进行质控检测。

（9）将冻存袋连接到预先准备好的铁架台和倒置注射器上。

注：确保旋塞处于关闭状态。

（10）通过倒置的 60 mL 注射器将产品倒入冻存袋中。

（11）待细胞产品完全加入到冻存袋时，用止血钳夹紧管路，使用热封机密封管道（三个密封点）。根据需要对其他冻存袋重复此过程。

（12）无菌取样进行质控检测。

3. 检查冻存袋和细胞产品的完整性（例如是否凝块或泄漏），确保细胞产品均匀分布。将管道热封三次，并从中间热封处断开。

注：为了尽量减少冻存袋的破损，在热封时可以留一条"小尾巴"，此举是为了留出足够的空间进行稳定密封。

4. 将细胞产品放入设有标签的冻存盒中，使用转移箱转移样本。

5. 将冻存盒或冻存管放入程序降温仪中，启动预设的冷冻程序。

6. 慢速冷冻完成后，立即将冻存盒或冻存管转移到气相液氮罐中。

7. 检查程序降温仪的降温曲线，确保仪器正常运行。观察温度曲线是否存在不期望的温度波动并记录。

参考文献

AABB Standards for Hematopoietic Progenitor Cell and Cellular Product Services, 8th ed., 2017.

Areman, E., J. Deeg, and R. Sacher. 1992. Bone Marrow and Stem Cell Processing, 292-323, Philadelphia, PA: E.A. Davis.

FACT-JACIE International Standards for Cellular Therapy Product Collection, Processing, and Administration, 6th ed., 2015.

JC, Comprehensive Accreditation Manual for Laboratory and Point of Care, 1st ed., 2017.

Ritz, J. and S.E. Sallan. July 10, 1982. "Autologous BMT in CALLA positive ALL after in vitro treatment with J5 monoclonal antibody and complement," Lancet 2:60-63.

11 冻存 T 细胞的解冻和回输

原理

冷冻保存的单采 T 细胞在回输前必须经历解冻和洗涤过程,通过方案优化来达到最优的细胞恢复率和细胞活性,同时将 DMSO 从细胞产品中去除。

处理流程/方案

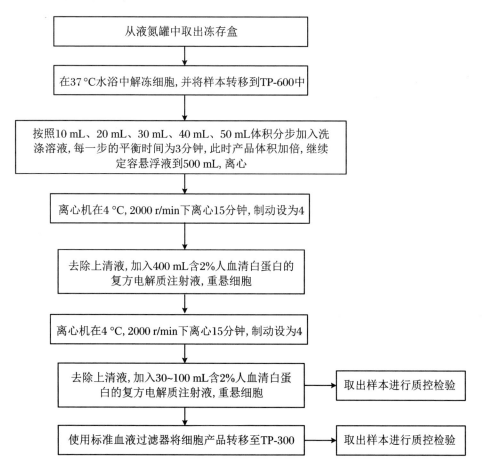

样本

冻存单采 T 细胞。

仪器/耗材

1. 生物安全柜（BSC）
2. 热封机
3. 60 mL 注射器
4. 20 mL 注射器
5. 3 mL 注射器
6. 18 号安全针
7. 21 号安全针
8. 无菌解冻袋
9. 血浆转移套装
10. 复方电解质注射液（Plasma-lyte A）
11. 25%人血清白蛋白
12. 50 mL ACD-A 抗凝剂
13. 肝素溶液
14. 70%异丙醇棉签
15. 碘伏
16. 600 mL 转移袋
17. 300 mL 转移袋
18. 离心机
19. 水浴
20. 采样头（dispensing pin）
21. 无针密闭输液接头（clave connector）
22. NST 和 AST 无菌培养瓶
23. 血浆去除机

质量控制

1. 所有试剂必须检查是否发生变色或混浊，所有耗材必须检查是否完整。

2. 处理过程结束后进行无菌检测、活力检测和计数（Total Nucleated Counts，TNC）。

步骤

材料准备

1. 根据处理过程需要,将贴有标签的试剂和耗材放入生物安全柜内。在处理过程中所有设备在使用前都应进行清洁。

2. 准备水浴。

3. 将离心机温度设置为 4 ℃,确保离心前达到该温度。

解冻液的配制

1. 按照以下步骤配制解冻液(表 3):

(1) 取一个 TP-600,标记为"复方电解质注射液/ACD/25% HSA/肝素"。

(2) 向 TP-600 中加入 360 mL 复方电解质注射液。

(3) 向 TP-600 中加入 45 mL ACD-A。

(4) 向 TP-600 中加入 67.5 mL 25%人血清白蛋白。

(5) 向 TP-600 中加入 12 mL 肝素溶液。

(6) 将解冻液放入 1～6 ℃下冷藏备用。

2. 按照以下步骤配制含 2%HSA 的复方电解质注射液(表 3):

(1) 取一个 TP-600,标记为"2% HSA-复方电解质注射液"。

(2) 向 TP-600 中加入 460 mL 复方电解质注射液。

(3) 向 TP-600 中加入 40 mL 25%人血清白蛋白。

(4) 将溶液放入 1～6 ℃下冷藏备用。

解冻

1. 将冻存的细胞产品运输至实验室。

2. 核验产品信息,确认无误。

3. 将冻存盒置于无菌解冻袋中。

4. 将解冻袋放入 37 ℃水浴中,直至观察到冻存盒表面的冰霜消失。

5. 将解冻袋转移到 BSC 中,并从解冻袋和冻存盒中取出冻存袋。

6. 将冻存袋放入新的无菌解冻袋中。

7. 将解冻袋放入 37 ℃水浴中,记录时间和温度。轻轻地来回摇晃直到完全解冻。

8. 擦干解冻袋并消毒后将解冻袋放回 BSC 中,从解冻袋中取出冻存袋。

9. 将细胞产品转移至 600 mL 转移袋(TP-600)中,具体操作如下:

(1) 取冷藏凝胶袋消毒后放入 BSC 中,将标记的 TP-600 放置于凝胶袋上方。

（2）对冻存袋上的接口擦拭消毒，将 TP-600 管道上的取样尖头刺入冻存袋的接口，转移解冻的细胞产品。

表 3　解冻液的配制

	复方电解质注射液 （mL）	ACD （mL）	25% HSA （mL）	肝素 （1000 单位/mL）
解冻液	360	45	67.5	12
2%HSA 的复方 电解质注射液	460	—	40	—

10. 将止血钳放在靠近产品的管路上。

11. 热封三次并断开管路，使用中间密封件，确保留下 15～20 厘米的尾部。

洗涤

1. 将配制的解冻液无菌接入含有细胞产品的 TP-600 上。

2. 向细胞产品中添加解冻液使总体积加倍：

（1）将 TP-600 放置在去皮的秤上，添加解冻液时可以计算解冻液的体积。

（2）解开两个袋子之间的止血钳，将 10 mL 解冻液缓慢添加到细胞产品（TP-600）中，再使用止血钳夹紧管道。

（3）将细胞产品置于冷藏凝胶袋上，轻轻摇动 3 分钟。

（4）重复步骤（1）～（3），分别加入 20 mL、30 mL、40 mL 和 50 mL 解冻液，直至细胞产品的最终体积增加 1 倍。

3. 使用空的 TP-600 给天平去皮。

4. 将细胞产品放在天平上，移除袋子之间的止血钳。

5. 继续添加解冻液，直至细胞产品体积达到 500 mL。

6. 使用热封机密封连接的管道，在 TP-600 一侧留够管道。

7. 在 4 ℃下以 2000 r/min（824 RCF）离心 15 分钟，制动设为 4（从 500 r/min 到 0 历时 6 分钟）。

8. 去除上清液。

（1）小心地从离心机中取出细胞产品的 TP-600，尽量不扰动细胞。

（2）将含有细胞产品的 TP-600 挂在血浆去除机上。

（3）将止血钳夹在含有细胞产品的 TP-600 管路上。

（4）将含有细胞产品的 TP-600 尾部无菌对接到新的 TP-600 转移包上，新的 TP-600 贴上"废液，非输注用"标签。

（5）去除血浆。

（6）当细胞接近袋肩时停止去除过程。

（7）使用热封机密封并分离两个袋子,在细胞产品这一端留下 20～25 厘米管道。

9. 重悬细胞。

（1）重悬浓缩的细胞产品并检查是否有结块。

（2）在去皮过的天平上称量浓缩细胞。

（3）将含有 2% HSA 的复方电解质注射液的转移袋无菌对接到产品袋上。

（4）用空的 TP-600 给天平去皮。

（5）将产品袋放在天平上,用 2%HSA 的复方电解质注射液缓慢将产品体积定容至 400 mL。

（6）使用热封机密封并分离两个袋子,在细胞产品这一端留下 20～25 厘米管道。

10. 离心。

（1）将细胞产品置于一个新的外包装中,例如小号带拉锁生物防护袋。

（2）准备离心配平的样本(与细胞产品袋重量相差 10 g 以内)。

（3）在 4 ℃下以 2000 r/min(824 RCF)将细胞产品离心 15 分钟,制动设为 4(从 500 r/min 到 0 历时 6 分钟)。

11. 去除上清液。

（1）在尽量不扰动细胞的前提下,小心地从离心机中取出细胞产品袋。

（2）轻轻地将产品袋挂在血浆去除机上。

（3）将止血钳夹在含有细胞产品的 TP-600 管路上。

（4）将含有细胞产品的 TP-600 尾部无菌对接到新的 TP-600 转移包上,新的 TP-600 贴上"废液,非输注用"标签。

（5）去除血浆。

（6）当细胞接近袋肩时停止去除过程。

（7）使用热封机密封并分离两个袋子,在细胞产品这一端留下 20～25 厘米管道。

12. 重悬细胞。

（1）重悬浓缩的细胞。

（2）充分混合并检查是否有结块。

（3）用空的 TP-600 给天平去皮。

（4）在天平上称量浓缩的细胞产品。

准备回输

1. 使用少量的 2% HSA-复方电解质注射液稀释浓缩细胞。

2．通过标准血液过滤器将产品转移至 TP-300。

3．为了冲洗细胞产品袋，在无菌条件下向产品袋中添加至少 30 mL 额外的 2% HSA －复方电解质注射液，然后将悬浮液通过过滤器转移到 TP-300 中。

4．向浓缩细胞产品中加入额外的 2% HSA －复方电解质注射液，定容到 52 mL或 102 mL。

5．取出样本进行质控测试。

参考文献

AABB Standards for Cellular Product Services，8th ed.，2017.

FACT-JACIE International Standards for Cellular Therapy Product Collection，Processing，and Administration，6th ed.，2015.

Food and Drug Administration，Human Cells，Tissues，and Cellular and Tissue-Based Products：Donor Screening and Testing and Related Labeling（21 CFR Part 1271），2005.

JC，Comprehensive Accreditation Manual for Laboratory and Point of Care，1st ed.，2017.